すぐに役立つ

いきなりPDF
活用ガイドブック

[COMPLETE/STANDARD 対応]

● 山本 まさとよ 著

Rutles

本書の対応バージョン

本書は「いきなりPDF Ver.12 COMPLETE版」を使用して解説しています。Ver.12よりChapter3「ページ編集」機能については一新されており、それ以外の機能については若干の差異がある場合もございますが、他のバージョンをご利用の方も活用いただけます。

本書に記載されている会社名、製品名などは、各社の登録商標または商標です。

はじめに

本書は、「いきなりPDF」の基本的な操作方法をわかりやすく解説するガイドブックです。
日々の業務やプライベートでPDFをよく使う方にとって、「いきなりPDF」は非常に便利なツールです。このソフトを使えば、PDFファイルの作成から編集、変換まで、専門的な知識がなくても簡単に行うことができます。

本書では、PDFファイルの作成、ページの追加や削除、テキストや画像の編集といった基本的な操作を中心に、初心者の方でも迷わず進めるようにステップ・バイ・ステップで解説します。操作手順はシンプルで直感的なので、特別な準備をすることなくすぐに使い始めることができます。

「いきなりPDF」を使うことで、文書管理の効率が大幅にアップし、作業のスピードも格段に向上します。もし操作に迷うことがあったとしても、本書を手元に置き、必要な時にすぐに確認できるので安心です。また、操作を覚えることで、さらに便利な機能にも自然と触れることができるようになります。

このガイドが、日常的なPDF作成や編集の作業をスムーズにし、より効率的に作業を進めるための手助けとなれば幸いです。それでは、さっそく「いきなりPDF」の基本操作を学んでいきましょう！

2024年11月　山本まさとよ

CONTENTS

はじめに

Chapter 1　PDFについて知ろう
- 01　PDFについて知ろう……008
- 02　いきなりPDFとは……012
- 03　いきなりPDFのインストール……014
- 04　いきなりPDFの認証と起動……016

Chapter 2　「作成」機能
- 01　「作成」の編集画面……018
- 02　OfficeファイルからPDFを作成する……020
- 03　画像ファイルからPDFを作成する……022
- 04　OfficeソフトからPDFを作成する……024
- 05　WebページからPDFを作成する……026

Chapter 3　「ページ編集」機能
- 01　「ページ編集」の画面……028
- 02　PDFを読み込む……029
- 03　ファイル名のルールを設定する……030
- 04　追加ページを挿入する……032
- 05　ページの複製と削除……033
- 06　ページの回転をする……034
- 07　ページの移動をする……035
- 08　ページを抽出する……036
- 09　ページを分割する……037
- 10　ページを結合する……038
- 11　テキストを検索する……039
- 12　表示画面を変更する……040

Chapter 4　「変換」機能

- 01　「変換」の編集画面 042
- 02　PDFをOfficeファイルに変換する 044
- 03　PDFをテキストに変換する 046
- 04　透明テキスト付きPDFに変換する 047
- 05　PDFを画像に変換する 048

Chapter 5　「書き込み」機能

- 01　「書き込み」の編集画面　COMPLETE版機能 052
- 02　PDFを背景に読み込む　COMPLETE版機能 054
- 03　テキストの入力をする　COMPLETE版機能 057
- 04　テキストボックスの作成をする　COMPLETE版機能 059
- 05　便利なテキスト入力方法　COMPLETE版機能 060
- 06　図形を挿入する　COMPLETE版機能 064
- 07　印刷・出力をする　COMPLETE版機能 066
- 08　差込印刷をする　COMPLETE版機能 068
- 09　背景の編集をする　COMPLETE版機能 070

Chapter 6　「直接編集」機能

- 01　「直接編集」の編集画面 076
- 02　PDFファイルを開く 077
- 03　表示画面の変更方法 078
- 04　コメント（注釈）をつける 080
- 05　コメントの確認とCSV出力 085
- 06　ファイルの保存方法 086
- 07　テキストの編集をする　COMPLETE版機能 088
- 08　画像編集をする　COMPLETE版機能 090
- 09　リンクの作成をする 092
- 10　QRコードの作成をする 094
- 11　すかし・スタンプを設定する 095
- 12　PDFに「はんこ」を設定する 098
- 13　ヘッダー・フッターの挿入をする 100

14	ページ編集をする	102
15	しおりを作成する	106
16	ドキュメント比較をする	107
17	テキストを検索する	108
18	タスクの作成と実行をする	109
19	フォーム機能でアンケートを作成する　COMPLETE版機能	110
20	パスワード設定をする	114
21	電子署名を設定する　COMPLETE版機能	118
22	タイムスタンプを付与する　COMPLETE版機能	122

直接編集ショットカットキー一覧 ……………………………………… 125
索引 …………………………………………………………………………… 126

本書は「いきなりPDF Ver.12 COMPLETE版」を使用して解説しています。
STANDARD版と比較すると、スタートパネルや一部機能に違いがあります。

●STANDARD版のスタートパネル

●COMPLETE版のスタートパネル

●本書で解説している「いきなりPDF COMPLETE版」のみの機能は次の通りです。
　Chapter 5「書き込み」機能(P51～74)
　Chapter 6「直接編集」機能
　　　　　07 テキストの編集をする(P88～89)
　　　　　08 画像編集をする(P90～91)
　　　　　14 ページ編集をする…トリミングする(P104)
　　　　　19 フォーム機能でアンケートを作成する(P110～113)
　　　　　21 電子署名を設定する(P118～121)
　　　　　22 タイムスタンプを付与する(P122～124)

※Chapter 6「直接編集」機能について、COMPLETE版では「直接編集」機能から
　操作を行いますが、STANDARD版では同じ作業を「編集」機能から行います。

Chapter 1
PDFについて知ろう

01	PDFについて知ろう	008
02	いきなりPDFとは	012
03	いきなりPDFのインストール	014
04	いきなりPDFの認証と起動	016

Chapter 1　PDFについて知ろう

ビジネスシーンで業界や規模を問わず、多くの企業で使われている「PDFファイル」。ここでは、PDFの特徴やその多彩な機能によって得られるメリットについて解説します。

01　PDFについて知ろう

●PDFとは?

PDF (Portable Document Format) は、Adobe Systemsによって開発されたデジタル文書のファイル形式です。異なるデバイスやOS環境で開いても、文書のレイアウトやフォント、画像が崩れずに表示されるのが特徴です。これにより、意図した通りの内容を正確に相手に伝えることができます。

また、PDFは読み取り専用に設定できるため、内容の改ざんを防ぐことができ、契約書や公式文書などの取り扱いに適しています。さらに、電子署名機能やパスワード保護もサポートしており、セキュリティ面でも信頼性があります。PDFは多くのデバイスやアプリで簡単に閲覧でき、紙の書類をデジタル化する際にも便利で、ビジネスや教育、個人の文書管理に広く利用されています。

●**レイアウトが崩れず、ソフトがなくても開ける**

　PDFは、レイアウトが崩れることなく、どんなデバイスでも一貫して表示される文書フォーマットです。 さらに、PDFを開くために特別なソフトウェアが必要ないため、異なる環境でも安心して利用できます。**これにより、受け取った相手がどんなデバイスやプラットフォームを使用していても、文書の内容やデザインが正しく表示されます。**

●**さまざまなセキュリティ設定が可能**

　PDFは、安全性が高い文書フォーマットで、さまざまなセキュリティ設定が可能です。 例えば、パスワード保護を設定することで、指定された人だけがファイルを開けるようになります。また、権限管理を使うと、他の人が文書を編集したりコピーしたりするのを防ぐことができます。さらに、電子署名を追加することで、文書が改ざんされていないことを確認でき、暗号化機能を利用し、ファイルの内容を不正にアクセスされるのを防ぐことも可能です。

●注釈機能で作業を効率化

PDFには、ハイライトやコメント、マーキングを追加できる機能があります。 これにより、文書をレビューする際に重要な部分を強調したり、追加のコメントを付けることが簡単に行えます。

例えば、文書内の重要な箇所にハイライトを入れ、必要な修正点についてコメントを追加することで、**フィードバックを明確に伝えることができ、作業を効率的に進めることが可能です。**

●テキスト検索ができる

テキストが埋め込まれているPDFでは、文書内の特定の単語やフレーズを簡単に検索できます。一方、スキャンされた書類など、テキストが埋め込まれていない場合でも、**OCR（光学文字認識）技術を利用してテキスト化することで、検索や編集が可能なデジタルデータに変換することができます。**

●電子帳簿保存法とSDGsが後押しするペーパーレス化の波

近年、企業や個人の間で電子保存の重要性がますます高まっています。特に、PDFは信頼性と互換性に優れたフォーマットとして、法的な文書や契約書、請求書などをデジタル形式で保存する際に欠かせない存在となっています。

この背景には、電子帳簿保存法の改正や、SDGs（持続可能な開発目標）の一環として進められているペーパーレス化の推進があります。これにより、紙の使用を減らし、業務効率の向上や環境負荷の軽減といったメリットが強調され、PDFを活用した電子保存が社会的にも推奨されています。ペーパーレス化は、単に紙を使わないことにとどまらず、データの管理や共有を効率化し、アクセスしやすい形で情報を保存できるという利点もあります。現代のビジネスシーンにおいて、PDFを活用した電子保存は、これからのスタンダードとしての役割をさらに強めていくでしょう。

02 いきなりPDFとは

●**いきなりPDFはどんなソフト？**

「いきなりPDF」は、ソースネクスト株式会社（https://www.sourcenext.com/）が提供しているPDF編集ソフトウェアです。

WordやExcelなどのファイルを簡単にPDFに変換でき、複数のファイルを1つのPDFにまとめることも可能です。また、PDFファイル内のテキストや画像を直接編集したり、ページの追加や削除、並べ替えを行うこともできます。さらに、PDFをWordやExcel、画像ファイルなどの形式に変換する機能も備えており、PDFの内容を他の形式で利用することが容易になります。

セキュリティ面でも優れており、パスワードを設定しPDFの印刷や編集を制限することで、機密性の高い文書保護に役立ちます。

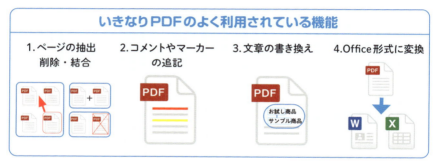

●**COMPLETE版とSTANDARD版の違い**

「いきなりPDF」には、COMPLETE版とSTANDARD版があります。「書き込み」機能、「直接編集」機能、「セキュリティ」機能にはバージョンによる違いがありますので、購入前に必要な機能を確認しましょう。なお、バージョンアップは可能ですが、STANDARD版からCOMPLETE版へのアップグレードには対応していないため、注意が必要です。購入方法はソースネクストのサイトから直接ダウンロード版を購入や、Amazonや家電量販店でも購入することが可能です。

コストパフォーマンスにも優れており、買い切り価格でCOMPLETE版10,890円、STANDARD版4,290円（2024年11月時点）となっています。

●機能比較表

	COMPLETE	STANDARD
価格	10,890円（税込み）	4,290円（税込み）
作成		
オフィスファイルなどをPDFに	○	○
組み換え		
ページの分割、結合、削除	○	○
変換		
PDFをOfficeファイル形式に	○	○
書き込み		
自動認識しテキストボックスを作成	○	-
編集／直接編集		
ノート（コメント）の追加	○	○
テキストボックスの追加	○	○
スタンプの追加	○	○
はんこ作成機能	○	○
デート印日付を1クリック更新	○	○
線や図形の描写	○	○
ハイライト・下線・取り消し線の追加	○	○
添付ファイルの追加	○	○
ツールパレット（ドラッグ操作で注釈を付与）	○	○
注釈の書き出し	○	○
しおりの作成、編集	○	○
ハイパーリンクの挿入	○	○
ヘッダー、フッターの追加、削除	○	○
すかしの挿入	○	○
QRコードの作成	○	○
画像内の文字をくっきり表示	○	-
画像の編集	○	-
見開き表示の設定	○	○
ドキュメントの相違点を比較	○	○
バックアップ	○	○
テキストの直接編集	○	-
オブジェクトの編集	○	-
画像の挿入	○	-
キャプチャ機能	○	-
ページのトリミング編集	○	-
フォームオブジェクトの追加	○	-
テキストフィールドの自動割付	○	-
レイヤー機能	○	-
墨消し機能	○	-
テキスト検索して墨消し機能	○	-
手書き署名機能	○	-
クリップボードからPDF作成	○	○
セキュリティ		
パスワードで保護（暗号化）	○	○
パスワードを削除しロック解除	○	○
閲覧制限	○	○
印刷制限	○	○
修正制限	○	○
コピー制限	○	○
電子署名の添付	○	-
タイムスタンプの付与・検証	○	

2024年11月時点

03　いきなりPDFのインストール

「いきなりPDF」のインストール方法を紹介します。本書ではダウンロード版のインストール方法を説明しますが、パッケージ版も基本的には同じ手順で操作できます。

1. ソフトのインストール

❶ ソフトのダウンロード後に解凍してできた「IKIP12」→「Program」の中にある、「インストールする.exe」ファイルをダブルクリックします。

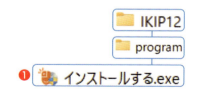

❷ ユーザーアカウントの制御画面が表示されるので、「はい」をクリックします。

❸ インストール画面が表示されるので、「インストールを開始」をクリックします。

❹ インストールウィザード画面が表示されるので、「次へ」をクリックします。

❺ インストール先のフォルダ画面が表示されるので、変更をせず「次へ」をクリックします。

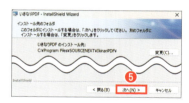

❻ インストール準備完了画面が表示されるので、「インストール」をクリックします。

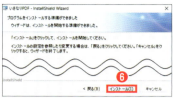

❼ インストール完了画面が表示されるので、「完了」をクリックします。

❽ 「シンプルPDFビューア」の設定画面が表示されるので、設定する際は「設定する」をクリックします。

> 設定は任意です。設定が不要の場合は「キャンセル」をクリックしてください。

❾ 「次へ」をクリックします。

❿ 「OK」をクリックします。

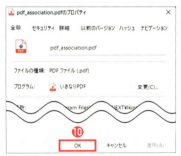

いきなりPDFのインストール　015

04　いきなりPDFの認証と起動

「いきなりPDF」のインストールが完了したら、シリアル番号を入力しソフトを起動します。事前にソースネクストのサイトで会員登録をしておくと、ライセンス認証がスムーズに行えます。

1. インストールされたアイコンを確認する

❶ インストールされたショートカットアイコンを確認し、「いきなりPDF」のアイコンをクリックします。

2. シリアル番号を入力する

❷ シリアル番号入力画面が表示されるので、シリアル番号を入力します。
❸ 「送信」をクリックします。

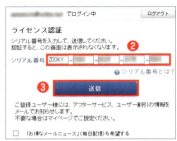

❹ ライセンス認証プログラムの画面が表示されるので、「はい」をクリックします。

3. ソフトを起動する

❺ ソフトが起動されます。

 TIPS　ソースネクストのマイページを活用しよう

ソースネクストのマイページでは、シリアル番号の確認や、追加台数の購入、バージョンの自動アップグレードなどのサービスが利用できます。使用状況に合わせて活用してください。また、よくある質問のQ&Aも掲載されていますので、本書同様に活用してください。

Chapter 2
「作成」機能

01 「作成」の編集画面 ……………………………………………… 018
02 OfficeファイルからPDFを作成する ………………………… 020
03 画像ファイルからPDFを作成する …………………………… 022
04 OfficeソフトからPDFを作成する …………………………… 024
05 WebページからPDFを作成する ……………………………… 026

Chapter 2　「作成」機能

「いきなりPDF」の「作成」機能では、WordやExcelなどのOfficeファイルや画像ファイルを簡単にPDFに変換できます。さまざまなファイルを1つのPDFで整理し、効率的に管理することができます。

01　「作成」の編集画面

1.「作成」の編集画面について

❶ ファイル一覧：登録したファイルを表示します。

❷ ファイル操作ボタン：ファイル追加、登録したファイルの操作を行います。

　　■フォルダを追加する　　■ファイルを追加する　　■ファイルを上に移動する

　　■ファイルを下に移動する　　■ファイルを削除する　　■全てのファイルを削除する

❸ 変換方法を選ぶ：ファイルの変換方法を選択します。

❹ 出力先を選ぶ：作成したPDFの出力先を選択します。

❺ スタートパネル：スタートパネルに戻ります。

❻ 実行ボタン：選択した設定でPDFを作成します。

2. 対応ファイル拡張子について

次の拡張子のファイルが登録可能です。

● 登録できるファイル形式

Microsoft Officeファイル	(.doc) (.docx) (.xls) (.xlsx) (.ppt) (.pptx)
テキストファイル	(.txt)
画像ファイル	(.jpeg, .jpg) (.bmp) (.png) (.gif) (.tif, .tiff) (.psd) (.EPS) (.Ai)
圧縮ファイル	(.zip)

3. PDFファイルの出力設定について

「いきなりPDF」では、さまざまなデバイスに対応したPDF出力が可能です。Adobe Acrobat Reader 5.0以上（標準）で出力しておくと、標準的な機能を十分に活用でき、多くの環境で閲覧できるためおすすめです。

● 出力形式

Adobe Acrobat Reader 5.0以上（標準）	Adobe Reader 5.0以上で閲覧できる設定です。
Adobe Reader 6.0以上	Adobe Reader 6.0以上で閲覧できる設定です。
Adobe Reader 7.0以上	Adobe Reader 7.0以上で閲覧できる設定です。
iPad用	iPadでの表示・閲覧に適しています。
iPhone, iPod touch用	iPhone、iPod touchの表示・閲覧に適しています。
サイズ最小	画質を抑えて、ファイルサイズを最も小さくします。
プレゼンテーション用	PDFを開いたとき、メニューバーなどを表示せず、全画面表示にします。
回覧用	右上に[回覧]のすかしが入ります。
最高画質	印刷物に適しています。ファイルサイズは大きくなります。
社外秘用	右上に[社外秘]のすかしが入ります。
良画質	写真を含む文書や印刷用文書に適しています。
見開き	2ページごとの見開きでPDFを出力します。

「作成」の編集画面

02　OfficeファイルからPDFを作成する

　異なる形式のOfficeファイル（例：Wordの案内文とExcelの請求書）を1つにまとめて、PDFを作成する手順を解説します。

1. ファイルの準備をする

❶ PDF形式にしたいOfficeファイルを用意します。

2.「作成」をクリックする

❷「スタートパネル」→「作成」をクリックします。

3. ファイルの登録をする

❸ 用意したOfficeファイルを、ドラッグ＆ドロップでファイル一覧に登録します。

4. 変換方法と出力先の選択をする

❹「変換方法を選ぶ」で「1つのPDFにまとめる」に●チェックをします。
❺「画像ファイルに文字認識（OCR）をかける」に✓チェックします。
❻「出力先を選ぶ」で、作成したPDFの保存先フォルダを指定します。デフォルトは「元ファイルと同じ場所に保存」です。
❼「実行」をクリックします。

5. 保存されたファイルを確認する

作成されたPDFファイルを開き、ファイルが1つのPDFにまとめられていることを確認します。

6. ファイル名を変更する

ファイル名は一覧に登録した中で一番上のファイル名で保存されます。必要に応じ、ファイル名を変更します。

変更例）ファイル名YYMMDD_.PDF

Officeファイルから PDF を作成する　021

03　画像ファイルからPDFを作成する

画像形式のファイルから、PDFを作成する手順を解説します。

1. 画像ファイルの準備をする

❶PDFに変換したい画像ファイル（JPEG・PNG）を用意します。

2. ファイルの登録をする

❷用意した画像ファイルをドラッグ＆ドロップでファイル一覧に登録します。

> 登録したファイルは ▲▼ で順位の並び替え、❌ でファイルを削除することができます。

3. 変換方法と出力先の選択をする

別々のPDFで出力する場合は「それぞれのPDFにする」を選択します

❸「変換方法を選ぶ」で「1つのPDFにまとめる」に ● チェックします。

❹「画像ファイルに文字認識（OCR）をかける」に ✓ チェックします。

❺「出力先を選ぶ」で、作成したPDFの保存先フォルダを指定します。デフォルトは「元ファイルと同じ場所に保存」です。

❻「実行」をクリックします。

4. 保存されたファイルを確認する

作成されたPDFファイルを開き、画像ファイルが正しく保存されていることを確認します。

5. ファイル名を変更する

ファイル名は一覧に登録された中で一番上のファイル名で保存されます。必要に応じ、ファイル名を変更します。

変更例）ファイル名 YYMMDD_.PDF

TIPS ファイル名を管理しやすく命名する

ファイル名には作成日や番号を入れると、管理がしやすくなります。また、ファイル名の区切りにアンダースコアやハイフンを使うと読みやすくなります。

TIPS 「いきなりPDF 簡単作成設定」を利用する

「いきなりPDF」をインストールした際に追加される、「いきなりPDF 簡単作成」ショートカットアイコンをクリックして、変換方法・出力先などを事前に設定することができます。

画像ファイルからPDFを作成する

04　OfficeソフトからPDFを作成する

　Officeソフト(WordやExcel)から、直接PDFを作成する手順を解説します。PDFはビジネスシーンで頻繁に使用されるため、OfficeソフトからPDF作成をすることで、作業効率を高めることができます。

1. 使用するOfficeソフトを開く

❶ ホーム画面の「印刷」をクリックします。Excelを例に解説します。

WordやPowerPointでも、同様の操作方法で行えます。

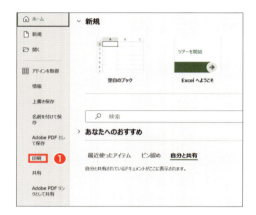

2. 各種設定を行い印刷する

❷ プリンターからikinariPDF Driverを選択します。

❸ 設定からページを選択します。

【設定ページの出力範囲】の選択
・作業中のシートを印刷
・ブック全体を印刷
・選択した部分を印刷

❹「印刷」をクリックします。

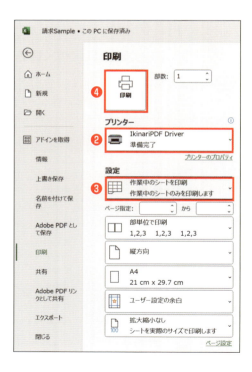

3. 保存先を選択する

❺ 保存場所を選択します。

❻ ファイル名を入力します。

❼「結果のPDFを表示」に☑チェックします。

❽「保存」をクリックします。

 「結果のPDFを表示」に☑チェックをすると保存されたPDFが自動で開きます。

4. 保存したファイルを確認する

保存したPDFファイルを確認します。

TIPS IkinariPDF Driverのプロパティ設定

「IkinariPDF Driver」のプロパティ設定では、PDFの保存設定を調整できます。高画質で保存したい場合や、ファイルサイズを軽くしたい場合など、用途に応じて最適な出力設定を選びましょう。（P19_「3. PDFファイルの出力設定について」を参照して下さい。）

OfficeソフトからPDFを作成する　025

05　WebページからPDFを作成する

　Microsoft EdgeやGoogle Chromeといったブラウザを使用し、Webサイトを簡単にPDF形式で保存することが可能です。オンラインで見つけた情報をオフラインで閲覧したいときや、特定のページを保存しておきたいときに非常に便利です。

1. Webページを開く（Microsoft Edgeの場合）

❶「…」をクリックします。
❷ 印刷をクリックします。

2. ikinariPDF Driverを選択する

❸ ikinariPDF Driverを選択します。
❹「印刷」をクリックします。

3. PDFを保存する

❺ 保存する場所を選択します。
❻ ファイル名を変更します。
❼「結果のPDFを表示」に✓します。
❽「保存」をクリックします。

「結果のPDFを表示」に✓をすると保存されたPDFが自動で開きます。

026　WebページからPDFを作成する

Chapter 3
「ページ編集」機能

01	「ページ編集」の画面	028
02	PDFを読み込む	029
03	ファイル名のルールを設定する	030
04	追加ページを挿入する	032
05	ページの複製と削除	033
06	ページの回転をする	034
07	ページの移動をする	035
08	ページを抽出する	036
09	ページを分割する	037
10	ページを結合する	038
11	テキストを検索する	039
12	表示画面を変更する	040

Chapter 3　「ページ編集」機能

「いきなりPDF」の「ページ編集」機能では、PDFページの移動・抽出・結合などを、ドラッグ操作や、簡単な操作で行うことができます。

01　「ページ編集」の画面

1.「ページ編集」の画面について

❶ サムネイル：サムネイルの表示画面です。
❷ プレビュー画面：プレビュー画面です。選択したページを大きく表示できます。
❸ クリップボード：選択したページの切り取り、コピー、貼り付けができます。
❹ 選択：ページの選択や解除を行います。
❺ ページの編集：ページの回転や、削除を行います。
❻ 抽出・分割：ページの抽出や、ページ数でページを分割します。
❼ ファイル名：保存時にファイル名のルールを選択できます。
❽ 結合：PDFファイルの結合を行います。
❾ 検索：PDFファイル内のテキストを検索します。
❿ ツール：「直接編集」ツールやスタートパネルにジャンプします。
⓫ プレビュー：プレビュー画面の表示・非表示を切り替えます。

02　PDFを読み込む

1.「ページ編集」をクリックする

❶「スタートパネル」→「ページ編集」をクリックします。

2. PDFを読み込む

❷ PDFファイルをドラッグ＆ドロップで登録します。

3. 読み込んだPDFを確認する

❸ 読み込んだPDFファイルを確認します。

TIPS　ファイルメニューからファイルを開く

「ファイル」→「開く」から、ファイルを開くこともできます。複数のファイルを扱う場合、ファイルメニューからの操作が便利です。

PDFを読み込む　029

03　ファイル名のルールを設定する

「ファイル名のルール設定」ではファイル名の「連番」「日付」「保存先」の設定をすることができます。最初に設定をしておくと便利です。

ファイル名のルール設定をする

1.「ファイル名のルール設定」を選択する

❶「ファイル」→「ファイル名のルール設定」をクリックします。

2.「追加」をクリックする

❷ ファイル名のルール設定画面が表示されるので「追加」をクリックします。

3. 設定名・ファイル名を入力する

❸ 設定名を入力します。
❹ ファイル名を入力します。
❺ 保存先を設定します。

4. マクロを挿入する

❻「マクロ」をクリックします。
❼ ドラッグ操作でファイル名欄に「マクロ」を挿入します。
❽「OK」をクリックします。

 ❻❼ の操作を繰り返すことで、「マクロ」を複数設定することができます。

5. 登録されたルールを確認する

❾「登録されたファイル」を確認します。
❿「閉じる」クリックします。

TIPS 設定したファイルのインポート・エクスポート

ファイル名のルール設定をしたファイルは、「インポート」・「エクスポート」ができます。「いきなりPDF」を複数台で利用している場合など、同じルールを適用できるため便利です。

「ファイル名のルール設定」を利用して保存する

1. ルールを選択する

❶「ルールの選択」→利用するファイル名の保存ルールを選択します。

2. ファイルを保存する

❷「ファイル」→保存方法を選択して保存します。

TIPS 「透明テキストを付与して保存」

透明テキストは、PDFファイル内に目に見えない形で埋め込まれた文字情報です。スキャンした文書をデジタル化する際に、透明テキストを埋め込むことで、PDF内の文字を検索可能な状態にすることができます。

ファイル名のルールを設定する　031

04 追加ページを挿入する

1. ファイルを挿入する

❶ 挿入したい箇所にPDFをドラッグします。

2. ファイルを確認する

❷ 挿入したファイルを確認します。

3. ファイルを保存する

❸ 「ファイル」→保存方法を選択して保存します。

TIPS ファイルメニューから挿入する

「ファイル」→「挿入」から、ファイルを挿入することもできます。複数のファイルを扱う場合、ファイルメニューからの操作が便利です。

05　ページの複製と削除

ページを複製する

❶ 複製したいページを選択します。
❷「切り取り」または「コピー」をクリックします。

> **TIPS　コピーと切り取りの違い**
>
> コピーはページを残して貼り付け、切り取りはページを移動して貼り付けます。

❸「貼り付け」をクリックします。
❹ 複製されたページを確認して、ファイルを保存します。

ページを削除する

❶ 削除したいページを選択します。
❷「削除」をクリックします。

❸ 確認画面が表示されるので「はい」をクリックします。

❹ ページの削除を確認して、ファイルを保存します。

06 ページの回転をする

1. ページを選択する

❶ 回転させたいページを選択します。

2. ページを回転させる

❷「右に回転」または「左に回転」を選択してページを回転させます。

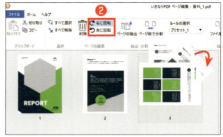

3. ファイルを保存する

❸ 回転したページを確認します。
❹「ファイル」→保存方法を選択して保存します。

TIPS 右クリックでの操作について

「ページ回転」「ページ挿入」「ページ抽出」「ページ削除」「コピー＆ペースト」などの操作は、サムネイルでページ選択後に右クリックで同様の操作が行えます。

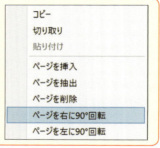

07 ページの移動をする

1. 移動するページを選択する
❶ 移動するページを選択します。

2. ページを移動させる
❷ 移動させたい箇所にドラッグ操作で移動します。

3. ファイルを保存する
❸ 移動したページを確認します。
❹ 「ファイル」→保存方法を選択して保存します。

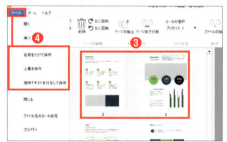

TIPS 複数ファイルの選択方法について

❶ 「Shift」キーを押しサムネイルを選択すると、連続した複数ページを選択できます。

❷ 「Ctrl」キーを押しサムネイルを選択すると、個別に複数ページを選択できます。

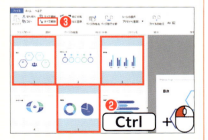

❸ 選択範囲を解除する場合は「すべて解除」をクリックします。

08　ページを抽出する

　複数ページで構成されているPDFを、個別のファイルとして必要なページのみ抽出することができます。

1. ページを抽出する

❶ 抽出するページを選択します。
❷ 「ページの抽出」をクリックします。
❸ 確認メッセージがでるので、「はい」をクリックします。

2. 抽出ページを保存する

❹ 保存先とファイル名を設定します。
❺ 「保存」をクリックします。

3. 抽出したページを確認する

抽出したページを確認します。

09 ページを分割する

「分割」はPDFファイルを指定した範囲で分けることができます。一定ページ数ごとにファイルを整理できる便利な機能です。

1. ページを分割する

❶ 分割させるページを選択します。
❷「ページ数で分割」をクリックします。

「ページ数で分割」を利用する際には、P30_「03 ファイル名のルールを設定する」を参照し、設定しておくとよいでしょう。

2. 分割ページを保存する

❸ 分割させるページ数を入力します。
❹「実行」をクリックします。

3. 分割したページを確認する

分割したページを確認します。

ページを分割する　037

10　ページを結合する

　複数のPDFを1つのPDFにまとめる（結合）ことができます。1つにまとめることで資料の一元管理が可能です。

1.「ファイルの結合」をクリックする
❶「ファイルの結合」をクリックします。

2. ファイルを登録する
❷ 複数のPDFファイルをドラック&ドロップして登録します。
❸「実行」をクリックします。

3. ファイルを保存する
❹ 保存先とファイル名を設定します。
❺「保存」をクリックします。

4. 結合したファイルを確認する
❻ 結合完了のメッセージがでるので、「はい」をクリックすると結合されたPDFが開きます。

11　テキストを検索する

「ページ編集」機能では、PDF内のテキスト検索をすることができます。特定の単語やフレーズが、どこにあるかを調べたいときに便利です。

1. テキストを入力する

❶ 検索するテキストを、検索バーに入力します。

> 【テキスト検索のオプション】
> Aa 大文字小文字を区別する
> Abl 完全一致

2. テキストを検索する

❷ 「次を検索」をクリックします
❸ 検索したテキストがハイライトされます。

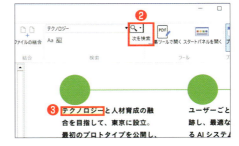

TIPS 直接編集ツールで開く

「いきなりPDF Ver12」では「ページ編集」機能から「編集ツールで開く」をクリックすることで「直接編集」機能を開けます。
「直接編集ツール」の解説についてはP75_Chapter6「直接編集」機能で解説します。

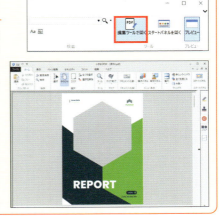

12 表示画面を変更する

プレビュー画面、リボン、フッターを活用した表示画面の変更方法を紹介します。

プレビュー画面の表示・非表示

❶ プレビューをクリックすることで、プレビュー画面を非表示にできます。

● サムネイルとプレビュー画面　　　● サムネイル画面のみ

リボンの表示・非表示

❶ リボン上で右クリックし、「リボンの最小化」をクリックするとリボンを非表示にできます。

戻す時はリボン上で右クリックし最小化のチェックを外します。

フッターを利用した表示変更

プレビュー画面の倍率を変更できます

サムネイル表示倍率を変更できます　　プレビュー画面を横幅や縦幅に合わせて表示の変更ができます

Chapter 4
「変換」機能

01 「変換」の編集画面 042
02 PDFをOfficeファイルに変換する 044
03 PDFをテキストに変換する 046
04 透明テキスト付きPDFに変換する 047
05 PDFを画像に変換する 048

Chapter 4 「変換」機能

「いきなりPDF」の「変換」機能では、PDFをWord、Excel、テキスト、画像ファイルなど、他の形式に簡単に変換できます。

01 「変換」の編集画面

1.「変換」の編集画面について

❶ ファイル一覧：登録されたファイルを表示します。

❷ ファイル操作ボタン：ファイルの追加、登録したファイルの操作を行います。

　　ファイルを追加する　　ファイルを上に移動する　　ファイルを下に移動する

　　ファイルを削除する　　全てのファイルを削除する

❸ 出力ファイル形式を選ぶ：出力するファイルの形式を設定をします。

❹ 出力先を選ぶ：変換したファイルの出力先を設定します。

❺ プレビュー：登録したPDFを確認します。

❻ 実行：選択した設定でPDFを変換します。

2. 変換できる出力形式について

変換の出力形式には、以下のものがあります。

形式	説明
Word	Microsoft Wordのファイル形式(.doc)に変換します。
Word(docx)	Microsoft Wordのファイル形式(.docx)に変換します。
リッチテキスト(RTF)	リッチテキスト(.rtf)形式に変換します。
Excel	Microsoft Excelのファイル形式(.xls)に変換します。
Excel(xlsx)	Microsoft Excelのファイル形式(.xlsx)に変換します。
CSV	CSV形式に変換します。
PowerPoint	Microsoft PowerPointのファイル形式(.ppt)に変換します。
PowerPoint(pptx)	Microsoft PowerPointのファイル形式(.pptx)に変換します。
テキスト	PDFから文字を認識して、テキスト(.txt)形式に変換します。
PDF(透明テキスト付き)	透明テキスト付きPDFに変換します。
JPEG	JPEG形式(画像)に変換します。
BMP	BMP形式(画像)に変換します。

3.「高度な設定」について

「出力ファイル形式を選ぶ」の「高度な設定...」をクリックし、高度な設定を追加することができます。

区分	項目	説明
入力	解像度	[300dpi][400dpi]から選択できます。400dpiの方が認識精度が上がります。
	画像の回転を行う	画像の回転を[左90度][180度][右90度][自動判定]から選択します。
認識	レイアウト認識	オートシェイプなどの図形領域を、画像領域として認識するか設定します。
	日本語認識	下線を除去して認識するかを設定します。認識に時間がかかる場合があります。
	言語選択	日本語+英語、英語、韓国語などの中から、OCR認識する言語を選択します。
出力	Word	テキストを、テキストボックスで出力するか設定します。

02 PDFをOfficeファイルに変換する

PDFファイルをOfficeファイル(WordやExcelなど)に変換する方法を紹介します。変換することで、Officeソフトでの編集作業が可能になります。

1.「変換」をクリックする

❶「スタートパネル」→「変換」をクリックします。

2. ファイルの登録をする

PDFファイルをドラッグ&ドロップでファイル一覧に登録します。

💡 ➕ファイルの追加をクリックして、ファイルを追加することもできます。

3. 変換方法と出力先の選択をする

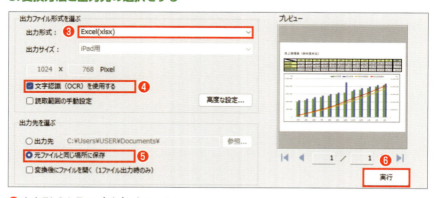

❸ 出力形式をExcel (xlsx) にします。

❹ 文字認識(OCR)を使用するに ☑チェックを入れます。

❺「出力先を選ぶ」で、作成したPDFの保存先フォルダを指定します。デフォルトは「元ファイルと同じ場所に保存」です。

❻「実行」をクリックします。

4. 保存されたファイルを確認する

変換されたExcelファイルを開き、正しく変換されているか確認します。

変換されたOfficeファイルの形式で操作が可能になります。

5. ファイル名を変更する

必要に応じてファイル名を変更します。
日付や番号をつけると管理しやすくなります。

例) ファイル名YYMMDD_.PDF

TIPS 形式が異なるファイルの変換

複数のPDFファイルを一度に変換することができますが、出力形式の選択は一つのため、文書形式のファイルはWordを選択、表が入ったファイルはExcelを選択をするなどして、変換することをおすすめします。そうすることで、変換後のファイルが元のPDFの見た目により近くなり、編集作業をスムーズに行うことができます。

● Word形式で変換

● Excel形式で変換

PDFをOfficeファイルに変換する　045

03 PDFをテキストに変換する

PDFファイルから、テキストのみを書き出す方法を紹介します。

1. ファイルを登録する

PDFファイルをドラッグ＆ドロップでファイル一覧に登録します。

2. 変換方法と出力先の選択をする

❷ 出力形式を「テキスト」にします。

❸ 文字認識（OCR）を使用するに✓チェックを入れます。

❹ 「出力先を選ぶ」で、作成したPDFの保存先フォルダを指定します。

❺ 「実行」をクリックします。

3. 保存されたファイルを確認する

変換したテキストファイルを確認します。

テキストを抽出することで、コンテンツの再利用やコピーが容易になります。

04 透明テキスト付きPDFに変換する

テキスト情報のないPDFに、透明テキストを付与する方法を紹介します。

1. ファイルを登録する

PDFファイルをドラッグ＆ドロップでファイル一覧に登録します。

2. 変換方法と出力先の選択をする

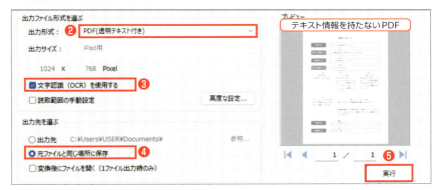

❷出力形式をPDF（透明テキスト付き）にします。

❸文字認識（OCR）を使用するに✓チェックを入れます。

❹「出力先を選ぶ」で、作成したPDFの保存先フォルダを指定します。

❺「実行」をクリックします。

3. 保存されたファイルを確認する

透明テキストが付与されたPDFが出力されます。

 テキスト情報を持たないPDFに透明テキストを付与することで、検索やコピーが可能となります。

05 PDFを画像に変換する

PDFファイルを画像ファイルに変換する方法を紹介します。

1. ファイルを登録する

PDFファイルをドラッグ＆ドロップでファイル一覧に登録します。

2. 変換方法と出力先の選択をする

❷ 出力形式を「JPEG」にします。

❸ 出力サイズを選択します。任意の解像度を入力することもできます。

iPad用	iPad、iPad mini(解像度1024 x 768)に適したサイズ
iPad Retina対応機種用	iPad Retina対応機種(解像度2048 x 1536)に適したサイズ
iPhone4, 4S用	iPhone4、4Sでの表示・閲覧に適したサイズ
Phone5, 5c,5s用	iPhone5、5s、5cでの表示・閲覧に適したサイズ
iPhone6用	iPhone6での表示・閲覧に適したサイズ
iPhone6 PLUS用	iPhone6 Plusでの表示・閲覧に適したサイズ
カスタム	**手動で画像のサイズ(Pixel)を設定します。** 使用しているデバイスの解像度を設定してください。

❹ 出力先に ◉ チェックを入れます。

❺ 「参照」をクリックします。

3. 保存先フォルダを選択します

❻ 保存先のフォルダを選択し、「フォルダの選択」をクリックします。

 複数ページのPDFを画像に変換すると、各ページが1枚ずつの画像ファイルに変換されます。そのため、保存先を選択し管理してください。

4. 変換を実行する

❼「出力先(保存先)」が選択されたことを確認します。

❽「実行」をクリックします。

5. 保存されたファイルを確認する

出力された画像ファイルを確認します。

> **TIPS 画像をスマートフォンに送るには**
>
> Windowsからスマホに画像を送るには、まずUSBケーブルで接続し、ファイルをドラッグ&ドロップします。また、Google DriveやOneDriveにアップロードして、スマホからダウンロードする方法も便利です。

読取範囲の手動設定について

PDFをOfficeファイルやテキストファイルに変換する際に、読取範囲を手動設定することもできます。
自動でうまく変換できない際は手動設定を利用して、「変換」をしてください。

❶「読取範囲の手動設定」に☑チェックを入れ、変換を実行します。

❷「読取範囲の手動設定」が開くので、「編集」をクリックします。

❸「領域属性」を設定します。
マウスのクリック操作で簡単に設定ができます。
❹「編集終了」をクリックします。

❺「読取」をクリックすると変換されます。

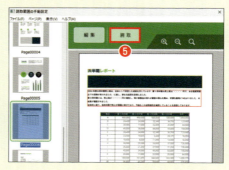

Chapter 5
「書き込み」機能

01 「書き込み」の編集画面　COMPLETE版機能 ……………… 052
02 PDFを背景に読み込む　COMPLETE版機能 ……………… 054
03 テキストの入力をする　　COMPLETE版機能 ……………… 057
04 テキストボックスの作成をする　COMPLETE版機能 ……… 059
05 便利なテキスト入力方法　COMPLETE版機能 …………… 060
06 図形を挿入する　COMPLETE版機能 …………………………… 064
07 印刷・出力をする　COMPLETE版機能 ……………………… 066
08 差し込み印刷をする　COMPLETE版機能 …………………… 068
09 背景の編集をする　COMPLETE版機能 ……………………… 070

Chapter 5　「書き込み」機能

「いきなりPDF」の「書き込み」機能は、PDF書類の記入欄に直接テキストを入力できる機能です。スキャンしたPDFファイルにも対応しています。

01　「書き込み」の編集画面　COMPLETE版機能

1. 書き込みの編集画面について

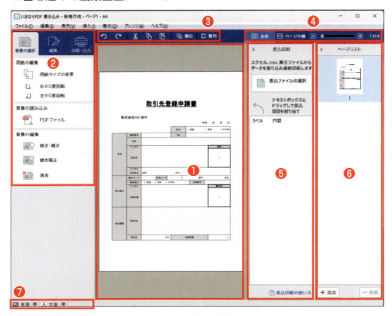

❶ 編集画面：登録されたファイルを表示・編集します。

❷ ツールパネル：「背景の選択」「編集」「印刷・出力」から利用するツールを選択します。

❸ ツールバー：コピーや整列などの操作を行います。

　　元に戻す　　やり直し　　切り取り　　コピー　　貼り付け　　順位をつける　　整列させる

❹ 表示比率：登録したファイルの表示比率を調整します。

❺ 差し込み印刷：Excelや筆王ファイルなどからデータを取り込み印刷します。

❻ ページリスト：登録したファイルが、サムネイル形式で表示されます。

❼ 表示・非表示：背景と文面の表示・非表示を行います。

2. ツールパネルについて

「書き込み」機能では3種類のツールパネルを切り替えながら作業を行います。
ツールパネルの機能を事前に確認しておきましょう。

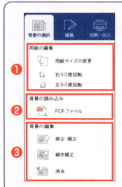

「背景の選択」のツールパネル

❶ 用紙の編集…用紙サイズの変更・PDFファイルの回転を行います。
❷ 背景の読み込み…PDFファイルを背景に読み込みます。
❸ 背景の編集…読み込んだ背景の修正・傾き補正・消去を行います。

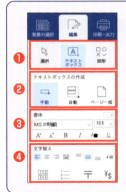

「編集」のツールパネル

❶ ツールパレット…「選択」「テキストボックス」「図形」からツールを選択します。
❷ テキストボックスの作成…テキストボックスを作成します。自動作成も可能です。
❸ 書体…書体・フォントサイズ等を変更します。
❹ 文字揃え…文字揃えや、さまざまな入力方法の選択ができます。
❺ 図形パレット…ツールで「図形」を選択した際に表示されます。チェックマークなどの図形を挿入できます。

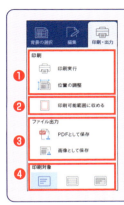

「印刷・出力」のツールパネル

❶ 印刷…印刷の実行・印刷位置の調整を行います。
❷ 印刷可能範囲に収める…PDFを印刷可能範囲に収めます。
❸ ファイル出力…PDF、または画像として保存します。
❹ 印刷対象…「文面のみ」「背景のみ」「文面と背景」を選択できます。

「書き込み」の編集画面 053

02　PDFを背景に読み込む　COMPLETE版機能

PDFファイルを背景として読み込む手順を解説します。

1. ファイルの準備

❶ 背景に読み込むPDFファイルを用意します。

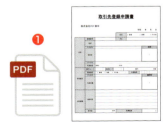

2.「書き込み」をクリックする

❷「スタートパネル」→「書き込み」をクリックします。

3. 背景ファイルを読み込む

❸「背景の選択」→「PDFファイル」をクリックします。

4. ファイルを開く

❹ ファイル選択します。
❺「開く」をクリックします。

054　PDFを背景に読み込む

5. 背景の確認をする

❻ 読み込んだPDFファイルが、☑ チェックされていることを確認します。

❼「OK」をクリックします。

6. オプションの選択をする

❽「テキストボックスのページ一括作成」を☑チェックして、「OK」をクリックします。

> 「テキストボックスのページ一括作成」とは読込んだファイルを自動認識し、テキスト入力箇所に自動でテキストボックスを作成する機能です。

❾「文字認識を行い自動入力しない」を⦿チェックして「確認」をクリックします。

7. テキストボックスを確認する

❿ テキストボックスが作成された箇所に色がつきます。

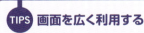

TIPS 画面を広く利用する

画面右端の差込印刷やページリストは、「>」ボタンを押して非表示にすることができます。

PDFを背景に読み込む　055

TIPS 用紙サイズの変更をする

読み込んだPDFの用紙サイズを変更することができます。例えば、A4サイズをA5サイズに縮小や、A3サイズに拡大して利用したい場合などに便利です。

❶「背景の選択」→「用紙サイズの変更」をクリックします。

❷「サイズ」を選択します。
❸「OK」をクリックします。

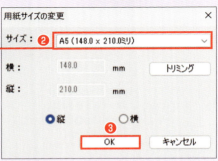

TIPS 用紙を回転させる

読み込んだPDFを回転させることができます。

❶「背景の選択」→「右90度回転」または「左90度回転」を選択します。
❷用紙が回転します。

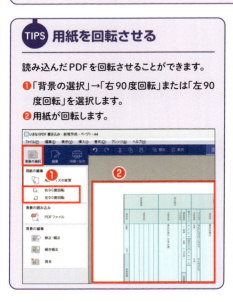

TIPS 背景を削除する

読み込んだPDFの削除方法を紹介します。

❶「背景の選択」→「消去」をクリックすると読み込んだ背景が削除されます。

03 テキストの入力をする　COMPLETE版機能

背景として読み込んだPDFに、テキストを入力する方法を紹介します。

1. テキストボックスの選択をする

❶「編集」→「選択」をクリックします。
❷ 入力するテキストボックスをダブルクリックします。

2. テキストを入力する

❸ テキストを入力します。
❹ 同じ操作方法で、必要箇所をすべて入力します。

 [Ctrl+Z] 元に戻す
[Ctrl+Y] やり直し
のショートカットキーを覚えておくと、入力ミスがあった際などスムーズに操作ができます。

TIPS 縦書きの書類への入力

文字揃えの[↓縦]ボタンをクリックして縦書きに切り替えてから入力を行います。

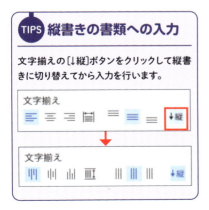

テキストの入力をする　057

書体・フォントサイズを変更する

❶「テキストボックス」をクリックします。
❷ 入力したテキストをマウスでドラッグして選択します。

❸ 書体やフォントサイズを変更することができます。

❹ 変更したテキストを確認します。

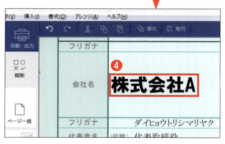

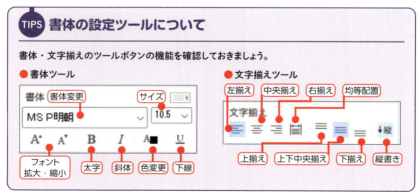

058　テキストの入力をする

04　テキストボックスの作成をする　COMPLETE版機能

手動でテキストボックスを作成する方法を紹介します。

1. テキストボックスを作成する

❶「テキストボックス」→「手動」を選択します。

❷ドラッグ操作してテキストボックスを作成します。

 配置した「テキストボックス」に合わせて書体、フォントサイズの変更や、文字揃えを行ってください。

❸テキストを入力します。

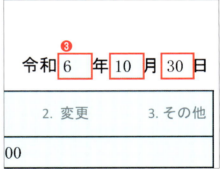

TIPS 縦書きの書類への入力

テキストボックスの表示領域にテキストが収まらない場合、▶マークが表示されます。

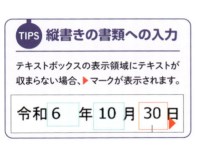

TIPS テキストボックスの整列

「選択」をクリックして、作成したテキストボックスを複数ドラッグ選択し、整列をクリックすると❶、整列パネルが表示され❷、テキストボックスを整列することができます。

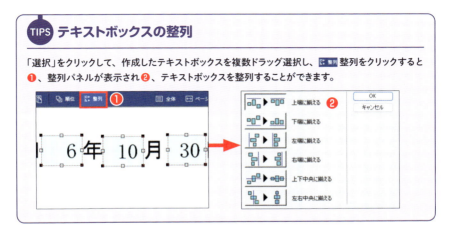

テキストボックスの作成をする　059

05 便利なテキスト入力方法　COMPLETE版機能

「書き込み」機能には「マス目ぴったり入力」「行ぴったり入力」など、便利なテキスト入力方法があります。

マス目ぴったり入力

❶「選択」をクリックします。
❷テキストボックスを選択します。
❸「マス目ぴったり」をクリックします。

❹「マス目ぴったり」の設定が表示されるので、「行数」「1行のマス数」を入力します。
❺「設定を有効にする」にチェックします。
❻「決定」をクリックします。

> 「マス目ぴったり」や「行ぴったり」入力では、マスや行に合わせて、自動的にフォントサイズを調整してくれます。

❼テキストを入力します。マス目に合わせて入力することができます。

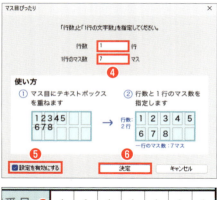

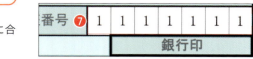

TIPS テキストボックスの範囲調整

「選択」をクリックして、テキストボックスの両端を選択することで、テキストボックスの範囲を調整できます。手動でテキストボックスを作成した際などは、調整することでぴったりと収まるようになります。

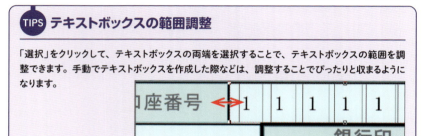

行ぴったり入力

❶「テキストボックス」→「手動」を選択します。
❷ドラッグ選択し、テキストボックスを作成します。
❸「行ぴったり」をクリックします。

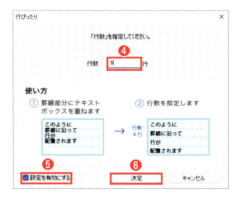

❹「行ぴったり」の設定が表示されるので、行にあわせた「行数」を入力します。
❺「設定を有効にする」に☑チェックします。
❻「決定」をクリックします。

❼テキストを入力します。行に合わせてテキストを入力することができます。

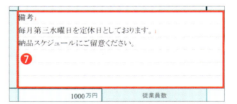

TIPS 右クリックでも設定可能

「マス目ぴったり」「行ぴったり」「郵便番号ぴったり」「通貨設定」はテキストボックスを選択し、右クリックをして設定することもできます。

便利なテキスト入力方法

郵便番号ぴったり入力

❶「選択」をクリックします。
❷ 郵便番号を入力したい箇所のテキストボックスを選択します。
❸「郵便番号ぴったり」をクリックします。

❹「郵便番号ぴったり」をクリックすると、郵便番号枠が適応されます。

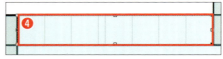

❺ 郵便番号枠に合わせて、テキストを入力することができます。

通貨

❶「選択」をクリックします。
❷ テキストボックスを選択します。
❸「通貨」をクリックします。

❹「通貨」の設定が表示されるので表示形式を選択します。必要に応じて、「小数点以下の桁数」を設定します。
❺「OK」をクリックします。

❻ 数字を入力します。

通貨の数字は半角で入力してください。全角で入力した場合は反映されませんので注意してください。

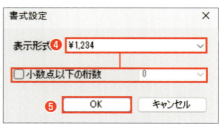

便利なテキスト入力方法

TIPS 自動入力機能を利用する

「書き込み」機能では、一度入力したテキストを自動的に記憶し、次回以降の編集時に反映させることができます。これにより、同じ内容を繰り返し入力する手間が省け、作業効率が向上します。

❶「PDFファイル」にを読み込みます。
（P.54_「02 PDFを背景に読み込む」を参照。）

❷「テキストボックスのページ一括作成」を☑チェックして、「OK」をクリックします。

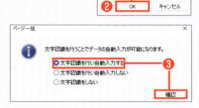

❸「文字認識を行い自動入力する」を⦿チェックして「確認」をクリックします。

❹ テキストが自動入力されます。

 自動入力されない箇所は追加入力してください。書体・フォントサイズは調整をしてください。

TIPS ファイルの保存をする

書き込み形式のファイルを保存することができ、編集作業をいつでも再開できます。

便利なテキスト入力方法 063

06 図形を挿入する　COMPLETE版機能

PDFにさまざまな図形を挿入できます。選択肢を囲むなど、視認性の高い書類の作成に便利な機能です。

1. 図形を選択する

❶「図形」をクリックします。
❷ 使用する図形を選択します。
❸「書式設定」で色・太さなどを設定します。

2. 図形を挿入する

❹ マウスでドラッグし、図形を挿入します。

> 選択ツールで配置した図形をクリックすると（手のアイコン）に切り替わり移動させることができます。また、ハンドルにマウスを合わせると✵マークに切り替わり、図形の拡大縮小ができます。

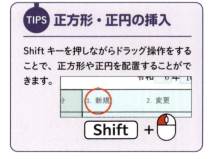

TIPS 正方形・正円の挿入

Shiftキーを押しながらドラッグ操作をすることで、正方形や正円を配置することができます。

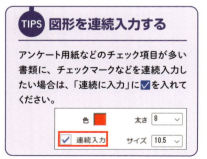

TIPS 図形を連続入力する

アンケート用紙などのチェック項目が多い書類に、チェックマークなどを連続入力したい場合は、「連続に入力」に✓を入れてください。

図形を挿入する

挿入できる図形の種類

図形	色	太さ	連続入力	サイズ	形状	線種	角の丸さ	方向
○	○	○	○	○				
●	○		○	○				
×	○		○	○				
✓	○		○	○				
／	○	○			○	○		
□	○	○						
■	○							
▢	○	○					○	
⬛	○						○	
↑	○							○
△	○	○						
▲	○							
⬠	○	○						
⬟	○							
▷	○	○						○
⬡	○	○						
⬢	○							
☆	○	○						
★	○							
✛	○	○						

TIPS 図形の整列

「選択」をクリックして、作成した図形を複数ドラッグ選択し、整列をクリックすると❶、整列パネルが表示され❷、図形を整列することができます。

図形を挿入する 065

07 印刷・出力をする　COMPLETE版機能

1.印刷の編集画面について

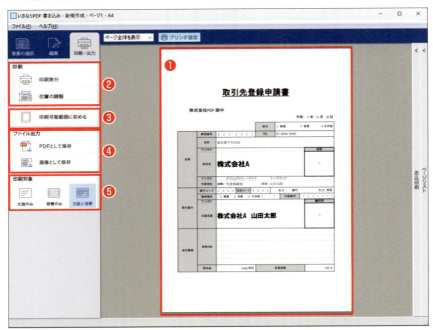

❶ 印刷プレビュー画面：印刷のプレビュー画面です。

❷ 印刷：「印刷実行」「位置の調整」を行います。

❸ 印刷可能範囲に収める：印刷時にすべての内容が用紙に収まるようにします。

❹ ファイル出力：PDFとして保存、または画像として保存します。

❺ 印刷対象：「文面のみ」「背景のみ」「文面と背景」から印刷対象を指定します。

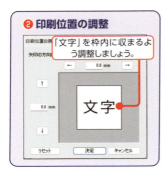

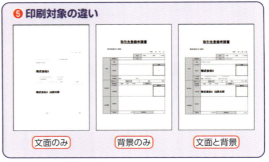

印刷をする

❶「印刷・出力」→「印刷実行」をクリックします。
❷「文書と背景」→をクリックします。

❸プリンタを指定します。
❹「OK」をクリックし印刷します。

> 💡 印刷のプロパティはプリンタによって異なるため、設定内容は使用するプリンタに応じて設定してください。

ファイル出力をする

❶「文書と背景」をクリックします。
❷「PDFとして保存」をクリックします。
❸出力範囲を選択し「OK」をクリックします。
❹ファイル名を入力し「保存」をクリックします。

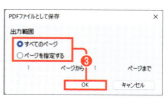

TIPS 画像として保存する

「画像として保存」ではJPEG保存のオプション設定ができます。高解像度で保存したいときは最高画質(低圧縮率)、サイズを軽くしたいときは低画質(高圧縮率)に設定しましょう。

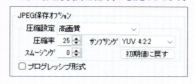

印刷・出力をする　067

08　差込印刷をする　COMPLETE版機能

「差込印刷」機能は、顧客の名前や住所をExcelやCSVファイル、筆王ファイルから取り込み、複数のPDFを一括で印刷・出力する便利な機能です。

1. 背景を登録する

❶「PDFファイル」をクリックし、PDFを背景に登録します。(P.54_「02 PDFを背景に読み込む」参照)

❷「差込ファイルの選択無し」をクリックします。

2. 差込ファイルを選択する

❸「参照」をクリックして「差込ファイル」を読み込みます。

❹「OK」をクリックします。

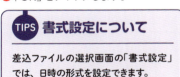

TIPS 書式設定について

差込ファイルの選択画面の「書式設定」では、日時の形式を設定できます。

3. 差込項目を割り当てる

❺テキストボックスに、差込項目をドラッグして割り当てます。

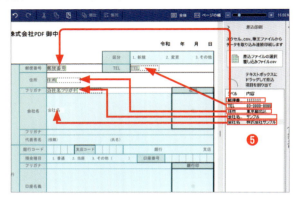

4. 印刷するデータをチェックする

❻「印刷・出力」をクリックします。

❼ 差込印刷するファイルをチェックします。

> すべて印刷・出力する場合は、「全て選択」をクリックしてください。

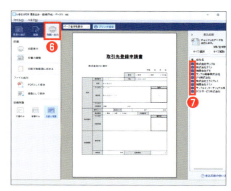

5. 印刷する

❽「文書と背景」をクリックします。

❾「印刷実行」をクリックします。

❿ プリンタを確認し「OK」をクリックします。

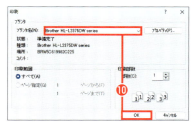

6. 印刷したファイルを確認する

差込印刷が正しく設定されているか、ファイルを確認します。

> 「差込印刷」で、PDFに出力した場合は、1枚ごとのファイルとして出力されます。

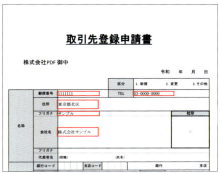

差込印刷をする 069

09 背景の編集をする　COMPLETE版機能

「背景の編集」を利用すると、紙の書類をスキャンしたPDFファイルの傾き調整や、文字をくっきりさせたり、背景を白くすることができます。

1.「背景編集」の画面の起動

❶「背景の選択」→「修正・補正」をクリックして「背景編集」画面を表示します。

2.「背景編集」の画面について

❶ 編集画面：登録されたファイルを表示・編集します。

❷ ブラシの選択：「選択」「ペン」「塗りつぶし」から選択します。

❸ 画面上の色を指定：「ペン」「塗りつぶし」の色を設定します。

❹ ブラシの直径：ブラシの選択で「ペン」を選んだ際にブラシの直径を設定します。

❺ 用紙編集：ワンクリックで文字をくっきりさせたり、背景を白くすることができます。

❻ ツールバー：コピーや整列などの操作を行います。

　　切り取り　　コピー　　貼り付け　　元に戻す　　やり直し　　左90度回転　　右90度回転
　　左右反転　　上下反転　　傾き補正

文字をくっきりさせる・背景を白くする

❶「文字をくっきりさせる」をクリックします。

❷「背景を白くする」をクリックします。

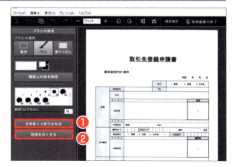

> 「文字をくっきりさせる」「背景を白くする」は繰り返し適用することができます。望ましい結果が得られるまで反復してください。

❸ 文字がくっきりとなり、背景が白くなります。

用紙の傾きを調整する

❶「傾き補正」をクリックします。
❷「自動補正」をクリックします。
❸「決定」をクリックします。

TIPS 傾きの手動補正

自動補正で望ましい結果が得られない場合はスライダーをつかい、手動補正を行いましょう。

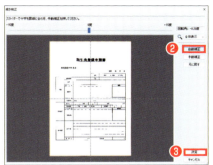

背景の編集をする　　071

用紙を回転させる

❶ 左90度、または 右90度をクリックします。
❷ 画像を回転させることができます。

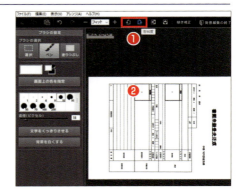

用紙を反転させる

❶ 左右反転または、 上下反転をクリックします。
❷ 画像を反転させることができます。

塗りつぶしをする

❶ 「塗りつぶし」をクリックします。
❷ 塗りつぶしの色（黒または白）を選択します。
❸ 塗りつぶしたい範囲をドラッグ選択します。
❹ 塗りつぶしができます。

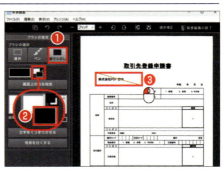

選択範囲の移動

❶ 「選択」をクリックします。
❷ 移動したい範囲をドラッグします。

❸ 選択した範囲をドラッグ操作で移動します。

選択範囲の複製

❶ 「選択」をクリックします。
❷ 複製したい範囲をドラッグします。

❸ 切り取り(Ctrl+X)、またはコピー(Ctrl+C)をクリックします。
❹ 貼り付けしたい範囲をドラッグ選択します。

❺ 貼り付け(Ctrl+V)をクリックすると、複製することができます。

背景の編集をする　073

ペンツールの操作

❶「ペン」をクリックします。
❷ マウス操作で描画します。

新規ペンの登録をする

❶ 任意の「ブラシ」をクリックします。

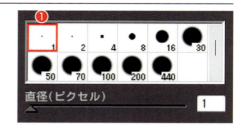

❷「右クリック」→「ブラシ登録」を
　クリックします。

❸ 登録されたブラシをクリックします。

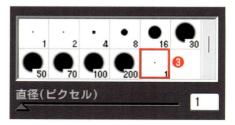

❹ スライドバーで太さをかえます。
　新規ペンが登録されます。

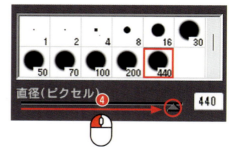

Chapter 6
「直接編集」機能

01 「直接編集」の編集画面 ... 076
02 PDFファイルを開く ... 077
03 表示画面の変更方法 ... 078
04 コメント(注釈)をつける ... 080
05 コメントの確認とCSV出力 ... 085
06 ファイルの保存方法 ... 086
07 テキストの編集をする　COMPLETE版機能 ... 088
08 画像編集をする　COMPLETE版機能 ... 090
09 リンクの作成をする ... 092
10 QRコードの作成をする ... 094
11 すかし・スタンプを設定する ... 095
12 PDFに「はんこ」を設定する ... 098
13 ヘッダー・フッターの挿入をする ... 100
14 ページ編集をする ... 102
15 しおりを作成する ... 106
16 ドキュメント比較をする ... 107
17 テキストを検索する ... 108
18 タスクの作成と実行をする ... 109
19 フォーム機能でアンケートを作成する　COMPLETE版機能 ... 110
20 パスワード設定をする ... 114
21 電子署名を設定する　COMPLETE版機能 ... 118
22 タイムスタンプを付与する　COMPLETE版機能 ... 122
直接編集ショットカットキー一覧 ... 125

Chapter 6　「直接編集」機能

「いきなりPDF」の「直接編集」機能では、PDFファイルへのコメント（注釈）、テキスト編集、画像編集などができます。また、PDFにスタンプやはんこを設定することも可能です。

01　「直接編集」の編集画面

1.「直接編集」の編集画面について

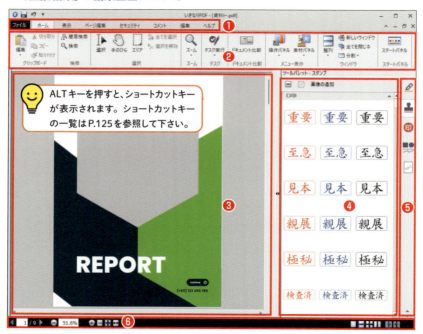

❶ ヘッダーメニュー：ファイルの登録や各種リボンの切替を行います。
❷ リボン：各ツールを使いPDFの編集を行います。
❸ 編集画面：登録したファイルを表示します。画面上で直接編集を行います。
❹ ツールパネル：「注釈」「スタンプ」「はんこ」「すかし」の操作を行います。
❺ ツールボックス：「注釈」「スタンプ」「はんこ」「すかし」の切り替えをします。
❻ フッター：PDFの表示切り替えをします。

02 PDFファイルを開く

1.「直接編集」をクリックする

❶「スタートパネル」→「直接編集」をクリックします。

 STANDARD版では「編集」をクリックします。

2. PDFファイルを開く

❷ PDFファイルをドラッグ&ドロップで登録します。

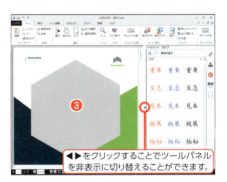

3. 読み込んだファイルを確認する

❸ 読み込んだファイルを確認します。

◀▶をクリックすることでツールパネルを非表示に切り替えることができます。

TIPS ファイルメニューからファイルを開く

「ファイル」→「開く」から、ファイルを開くこともできます。複数のファイルを扱う場合、ファイルメニューからの操作が便利です。

PDFファイルを開く 077

03 表示画面の変更方法

「直接編集」では表示設定を変更することで、効率的に操作を行うことができます。

1.「表示リボン」を表示する

❶ 表示リボンに切り替えるには「ヘッダーメニュー」→「表示」をクリックします。

表示リボンとフッターパネルは同様の操作ができます。

●表示リボン

ページ表示

「ページ表示」では、PDFの表示方法を切り替えることができます。

❶ 単一ページごとに表示します。

❷ ページを連続で表示します。

❸ 連続して見開きで表示します。

❹ 見開きで表示します。

❺ 全画面で表示します。「ESC」キーで全画面表示を解除します。

❻ ページを移動します。

開き方とズーム

「開き方とズーム」では、PDFの表示倍率を切り替えることができます。

❶ 100%倍率で表示します。

❷ PDF全体を表示します。

❸ 表示倍率を選択し変更します。

❹ 幅に合わせた倍率で表示します。

❺ 高さに合わせた倍率で表示します。

❻ 描画領域の幅に合わせて表示します。

回転・閲覧方向・1ページ目を表示

ページの回転や、見開きページの閲覧方向を切り替えることができます。

❶ 右へ90°回転します。
❷ 左へ90°回転します。
❸ 見開き表示の閲覧方向を右にします。
❹ 見開き表示の閲覧方向を左にします。
❺ 見開き表示の際、1ページ目を表紙にします。

グリッドの表示

グリッドを表示させることで、視覚的に画像やテキストの位置を確認しやすくなります。

❶「グリッドの表示」をクリックで、PDFにグリッドを表示します。
❷「グリッドに沿う」をクリックで、グリッドに沿わせてオブジェクトを配置できます。

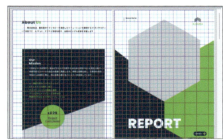

●グリッドの表示画面

TIPS グリッドに沿ってオブジェクトを配置する

「グリッドに沿う」をクリックすると、描画オブジェクトを配置する際、グリッドに沿ってオブジェクトを整列させることができます。

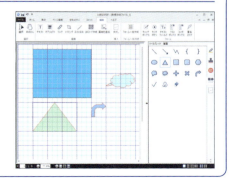

表示画面の変更方法　079

04 コメント(注釈)をつける

「コメント」機能では、文章や画像へのコメント(注釈)を入れることや、参照ファイルを添付することができます。

1. コメント(注釈)のリボン

❶ コメントリボンに切り替えるには「ヘッダーメニュー」→「コメント」をクリックします。

●コメントリボン

ページに注釈を追加する

「ノート注釈」や「テキストボックス」を利用してページに注釈を追加します。

ノート注釈の追加

❶「ノート注釈」をクリックします。
❷ 編集画面にマウスを置くと田マークが表示さるので、注釈を入れたい箇所でクリックします。

❸ 注釈テキストの入力画面が表示されるので、コメントを入力します。
❹ 注釈テキストの入力画面を⊠で閉じます。

注釈テキストの入力画面が表示されない場合は、アイコンをダブルクリックする

> **TIPS コメントの移動や削除**
>
> 「注釈の選択」から、入力したコメントの移動や、「Delete」キーを使った削除ができます。

テキストボックスの追加

❶「テキストボックス」をクリックします。
❷ テキストボックスを配置したい位置でダブルクリックします。

❸ テキストを入力します。

> **TIPS テキストの書体を変更する**
>
> 入力した文字をマウスでドラッグすると、書体設定画面が表示されます。書体・サイズ・色・文字のアウトラインの色や幅を設定することができます。

テキストへの注釈

「テキストへの注釈」では、テキストにハイライトや下線などを追加することができます。

ハイライト

❶「ハイライト」をクリックします。
❷ テキストをドラッグ選択します。

❸ ハイライトが設定されたテキストをダブルクリックします。
❹ 注釈テキストの入力画面が表示されるので、コメントを入力します。

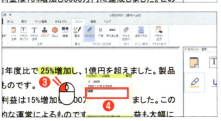

コメント(注釈)をつける　081

下線

① 「下線」をクリックします。
② テキストをドラッグ選択します。

③ 下線が設定されたテキストをダブルクリックします。
④ 注釈テキストの入力画面が表示されるので、コメントを入力します。

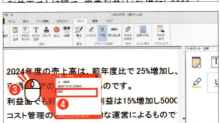

取り消し線

① 「取り消し線」をクリックします。
② テキストをドラッグ選択します。

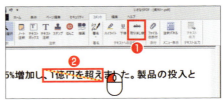

③ 取り消し線が設定されたテキストをダブルクリックします。
④ 注釈テキストの入力画面が表示されるので、コメントを入力します。

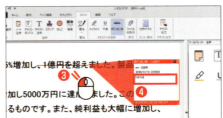

 TIPS ツールパレットから注釈を追加する

注釈追加の操作は、「コメントリボン」と「ツールパレット」から同様に行えます。

描画を追加する

　注釈に図形を使うと、強調したい部分を視覚的に示すことができます。例えば、矢印を使いテキストを追加したい箇所を示します。

❶「描画」をクリックします。
❷ ツールパレットから利用する描画を選択します。

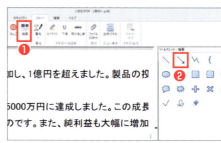

❸ マウス操作で描画します。

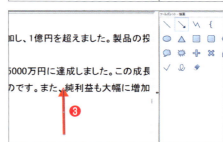

❹ 設定した矢印（描画）をダブルクリックします。
❺ 注釈テキストの入力画面が表示されるので、コメントを入力します。

> **TIPS 描画の色・線の太さ透明度の変更**
>
> 描画を選択した状態で、右クリックをして、「プロパティ」を選択します。「線のプロパティ」画面から、線の太さや色、透明度を調整することができます。

コメント（注釈）をつける　083

ファイルを添付する

PDFファイルに関連資料などのファイルを添付することができます。

❶「ファイルの添付」をクリックします。
❷ 編集画面上で添付ファイルを追加したい箇所をクリックします。

❸ 添付するファイルを選択します。
❹「開く」をクリックします。

❺「添付ファイルのプロパティ」が表示されます。

 アイコンの形状・色・透明度を設定することができます。

❻「閉じる」をクリックします。

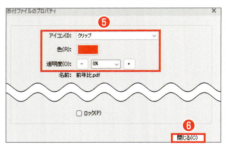

❼ アイコンが表示されます。アイコンをダブルクリックすると添付したファイルを開くことができます。

 PDF・Officeファイル・画像ファイルなどを添付することができます。添付したファイルはダウンロードすることもできます。

084　コメント（注釈）をつける

05　コメントの確認とCSV出力

入力したコメントを一覧で確認したり、CSVファイルに出力することで、注釈を全体的に把握しておくことができます。

注釈パネルの表示と返信

❶「注釈パネル」をクリックします。
❷ 注釈一覧が表示されます。
❸ 任意の注釈を選択し、右クリックをします。

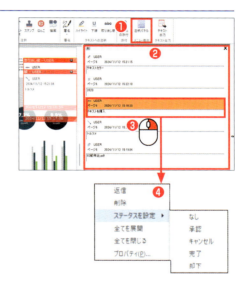

❹ メニューが表示され、注釈への返信や、ステータスの設定ができます。

 ステータスは「承認」「キャンセル」「完了」「却下」から選択できます。

テキスト（CSV）出力

❶「テキスト出力」をクリックします。
❷ ファイル名を確認します。
❸「保存」をクリックします。
❹ 保存したCSVファイルを確認します。

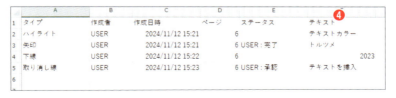

コメントの確認とCSV出力　085

06　ファイルの保存方法

　ファイルの保存方法には、PDFファイルとしてそのまま保存する方法のほか、PDFファイルをテキストと画像に分けて抽出し、保存することもできます。

ファイルを保存する

ファイルの保存はヘッダーメニューの「ファイル」をクリックして行います。4つの異なる保存方法があるので、用途によって保存方法を設定してください。

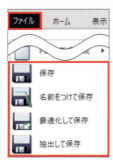

●ファイル保存の種類

保存	ファイルを上書きして保存します。
名前をつけて保存	ファイル名をつけて新規保存します。
最適化して保存	画質サイズを設定して保存します。高画質にするか、低画質にしてファイルサイズを小さくするかを設定できます。
抽出して保存	PDFを、テキストファイルと画像ファイル(PNG)に分けて抽出します。

抽出して保存する

❶「ファイル」→「抽出して保存」をクリックします。

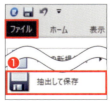

❷抽出するPDFを選択します。
❸「開く」をクリックします。

❹テキストと画像が分けて抽出されます。

086　ファイルの保存方法

TIPS PDF編集のワークフローとは

「いきなりPDF」の直接編集は、チームでの確認作業や書類のやり取りにとても役立ちます。例えば、修正したい部分に注釈をつけ、メンバー同士でコメントを共有できます。また、PDFのテキスト修正や、画像修正も「いきなりPDF」では直接編集することができ効率的に作業が行えます。

また、書類に承認が必要なときは、はんこ機能を使って素早く書類に電子印鑑を押すことも可能です。デジタルだからこそ、修正がリアルタイムで反映され、紙の書類よりもスピーディーに進められるのが魅力です。PDFはフォーマットが崩れないので、どのデバイスやソフトで開いても安心して使え、チーム全員が同じレイアウトで確認・修正ができるのも大きな利点です。

・例1）資料作成や確認作業に

書類の作成
↓
PDF書類の共有
↓
PDF書類への注釈・ハイライト
↓
PDF書類の編集

・例2）承認が必要な書類に

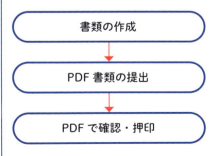

書類の作成
↓
PDF書類の提出
↓
PDFで確認・押印

07 テキストの編集をする　COMPLETE版機能

「直接編集」機能でのテキストの修正、テキストの墨塗りを解説します。PDFファイルを直接編集することで、文書の更新や修正が迅速に行えます。

1. 編集のリボン

❶ 編集リボンに切り替えるには「ヘッダーメニュー」→「編集」をクリックします。

●編集リボン

テキストの削除と追加

❶「テキスト」をクリックすると、テキストにボックスが表示されます。

❷ 削除したいテキスト位置にカーソルを合わせクリックし、「Delete」キーや、「Backspace」キーでテキストを削除します。

❸ テキストが削除できました。

❹ 新たなテキストを入力します。

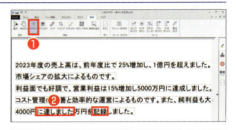

書体の変更

❶ 書体変更したいテキストをドラッグ選択します。

❷ 書体設定画面が表示され、フォントサイズや色を変更することができます。

❸ フォントの色を変更できました。

テキストの墨塗り

「墨塗り」機能を使用して、テキストを黒く塗りつぶすことができます。

テキスト選択して墨塗りする

❶「テキスト」をクリックします。
❷ 墨塗りしたいテキストをドラッグします。
❸ 右クリックをして「墨塗り」をクリックします。

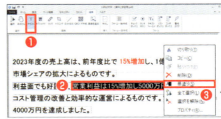

❹ テキストが黒塗りされました。

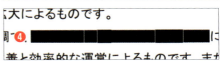

 墨塗りされたテキストは検索もできません。

テキスト検索して墨塗りする

❶「セキュリティ」→「テキストを検索して墨塗り」をクリックします。

❷ 検索したい単語、またはフレーズをを入力します。
❸「検索」をクリックします。

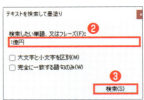

❹ 墨塗りしたい項目をチェックします。
❺「チェックした結果を墨塗りに設定」をクリックします。

 新たに検索する際は、「新しい検索」をクリックしてください。

❻ 検索したテキストが墨塗りされます。

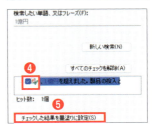

テキストの編集をする　089

08 画像編集をする　COMPLETE版機能

「オブジェクト」機能では、画像の拡大縮小や移動、テキストの位置調整が簡単に行えます。また、画像の追加も可能です。

オブジェクトの編集

オブジェクト選択とグループ設定

❶「編集」→「オブジェクト」をクリックします。
❷ドラッグ操作でオブジェクトを選択します。

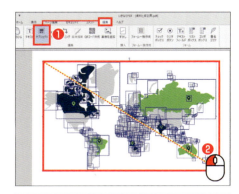

❸右クリックをして「グループ設定」をクリックします。選択したオブジェクトがグループ化されます。

オブジェクトの移動

❶「オブジェクト」をクリックします。
❷「オブジェクト」を選択し、ドラッグしてオブジェクトを移動します。

オブジェクトの回転

❶ 「オブジェクト」をクリックします。
❷ 「オブジェクト」を選択し、上部真ん中に表示される◇ハンドルをドラッグして回転させます。

 オブジェクトを選択し、右クリックをして「右へ45°回転」「左へ45°回転」で回転させることもできます。

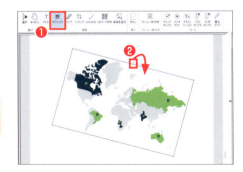

オブジェクトの拡大縮小

❶ 「オブジェクト」をクリックします。
❷ 「オブジェクト」を選択し、四隅に表示される◇ハンドルをドラッグして、オブジェクトを拡大縮小させることができます。

画像を追加する

❶ 「画像を追加」をクリックします。

❷ 追加する画像ファイル選択します。
❸ 「開く」をクリックします。

❹ 編集画面にマウスを置くと🖼マークが表示されます。配置させたい位置でクリックすると画像が追加できます。

画像編集をする　091

09 リンクの作成をする

PDFファイルの任意の箇所にリンクを作成することができます。リンクをクリックすると、特定のページや、外部ウェブサイトに簡単にアクセスすることができます。

Webページへのリンク

❶「リンク」をクリックします。
❷ リンクを設定したい箇所をドラッグ選択します。

リンク作成ウィンドウが表示されるので設定を行います。

❸ リンクタイプ…「不可視の四角形」または「可視の四角形」を選択します。
❹ ハイライトスタイル…リンクをクリックした時のハイライトの表示方法を選択します。
❺「可視の四角形」を選択した場合に線の種類・色を設定します。
❻ リンクアクション…「ウェブリンクを開く」を選択します。
❼「継続」をクリックします。

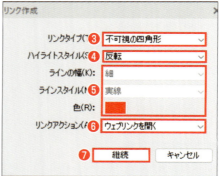

❽ リンクURLを入力します。
❾「OK」をクリックします。

❿ PDFを保存し、PDFビューワで確認します。リンク作成した箇所に、カーソルを合わせると☝マークが表示され、クリックするとWebページにジャンプすることができます。

PDF内の特定ページへのリンク

❶「リンク」をクリックします。
❷ リンクを設定したい箇所をドラッグ選択します。

リンク作成ウィンドウが表示されるので設定を行います。

❸ リンクタイプ…「不可視の四角形」または「可視の四角形」を選択します。
❹ ハイライトスタイル…リンクをクリックした時のハイライトの表示方法を選択します。
❺「可視の四角形」を選択した場合に線の種類・色を設定します。
❻ リンクアクション…「ページ表示に移動」を選択します。
❼「継続」をクリックします。
❽ リンク設定画面が表示されます。
❾ 対象ページに移動させた後に、「リンクを設定」をクリックします。

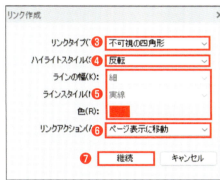

❿ PDFを保存し、PDFビューワで確認します。リンク作成した箇所に、カーソルを合わせると☝マークが表示され、クリックすると指定したページにジャンプすることができます。

リンクの作成をする 093

10　QRコードの作成をする

PDFにQRコードを設置することで、スマートフォンなどからWebサイトや追加情報にアクセスすることができます。

1.QRコードを作成する

❶「QRコード作成」をクリックします。

❷「QRコード作成画面」が表示されるので、URLを入力します。
❸「QRコードを作成」をクリックします。
❹「適用」をクリックします。

 QRコードを画像として保存したい場合は「画像として保存」をクリックしてください。

2.QRコードを配置する

❺ QRコードをドラッグ操作で配置します。

 QRコード設置後に位置や大きさを調整できます。

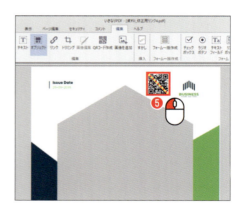

作成できるQRコードの種類	
URL	特定のウェブページやサイトへのリンク
メール	メール作成画面を表示し、宛先や件名、本文が自動的に入力されるリンク
SNS	特定のソーシャルメディアページやアカウントへのリンク
テキスト	シンプルな文字情報(テキスト)を表示するリンク

11 すかし・スタンプを設定する

PDFに複写禁止・社外秘などの「すかし」や「スタンプ」を設定することができます。

直接編集で「すかし」を設定する

❶「すかし」をクリックします。
❷ 利用したい「すかし」をダブルクリックします。

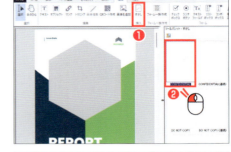

❸「ページ範囲」を選択します。
❹ すかしの「透明度」を設定します。
❺ すかしの「表示方法」を選択します。
❻「OK」をクリックします。

> **TIPS すかしの表示方法**
>
> 表示方法は複数チェックができます。
> ●背景として…すかしを背景に設定します。
> ●印刷時表示…すかしを印刷時に表示させます。
> ●画面ディスプレイに表示…すかしをPC画面で表示させます。

直接編集で「スタンプ」を設定する

❶「コメント」→「スタンプ」をクリックします。
❷ 利用したいスタンプを選択します。
❸ 任意の位置でクリックしてスタンプを設定します。

設定したスタンプを選択し、位置や大きさを変更することができます。

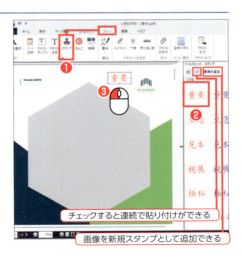

チェックすると連続で貼り付けができる
画像を新規スタンプとして追加できる

すかし・スタンプを設定する　095

スタートパネルから「すかし・スタンプ」を設定する

1.「すかし・スタンプ」をクリックする

❶「スタートパネル」→「すかし・スタンプ」をクリックします。

2. すかし・スタンプを選択する

❷ ドラッグ＆ドロップでファイルを登録します。
❸「選択」をクリックします。
❹「すかし・スタンプ」一覧が表示されるので、利用したい「すかし」を選択します。
❺「OK」をクリックします。

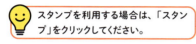

スタンプを利用する場合は、「スタンプ」をクリックしてください。

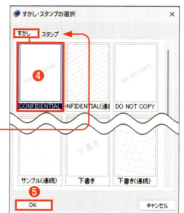

3. すかしの挿入ページ・表示方法を設定する

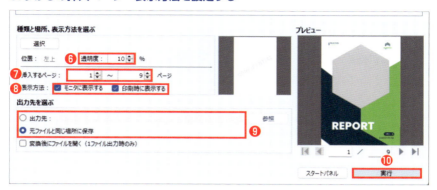

❻ 透明度を設定します。透かしを透過させる場合は数字を上げてください。

❼「すかし」を挿入するページを指定します。

❽ モニター上にすかしを表示させる場合は、「モニターに表示する」に☑チェックします。
印刷時にすかしを表示させる場合は、「印刷時に表示する」に☑チェックします。

❾ 出力先を設定します。

❿「実行」をクリックします。

4. 出力したファイルを確認する

「すかし」が設定されました。

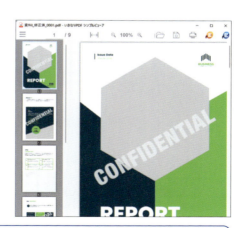

> **TIPS スタンプの位置設定をする**
>
> スタンプを選択した場合、スタンプの位置を設定することができます。

すかし・スタンプを設定する　097

12　PDFに「はんこ」を設定する

「直接編集」機能では、PDFに「電子はんこ」を設定することができます。承認が必要な書類に利用すると便利です。

1.「はんこ」を選択する

❶「コメント」→「はんこ」をクリックします。
❷ 利用したい「はんこ」を選択します。

2.「はんこ」を設定する

❸ クリックして「はんこ」を設定します。

 設定した「はんこ」を選択し、位置や大きさを変更することができます。

チェックすると連続で追加ことができる

TIPS 日付印を本日の日付に更新する

日付印を選択し「本日の日付に更新」をクリックをすることで❶、本日の日付印にすることができます。また、日付印を選択し右クリックをして「日付の変更」を選択することで❷、任意の日付に変更することも可能です。

PDFに「はんこ」を設定する

ハンコの新規作成

1. 新規作成をクリックする

❶ ツールパレット上部にある ❓「新規作成ボタン」をクリックします。

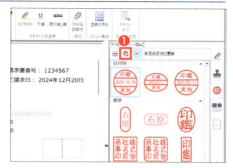

2. 編集する「はんこ」を選択する

❷「ハンコの種類」をクリックします。
❸ 編集する「はんこ」をダブルクリックして選択します。

3.「はんこ」を編集する

❹「文字」をクリックします。
❺ 文字を入力します。
❻「保存」をクリックします。

4. 作成した「はんこ」が登録される

新規はんこが登録されました。

 利用頻度の高い「はんこ」は右クリックからお気に入りに追加すると、ツールパレットの上部に表示されます。

PDFに「はんこ」を設定する 099

13 ヘッダー・フッターの挿入をする

「ページ編集」機能では、PDFにヘッダー・フッターの設定ができます。

1. ページ編集リボン

❶ 編集リボンに切り替えるには「ヘッダーメニュー」→「ページ編集」をクリックします。

●ページ編集リボン

1. ヘッダー・フッターを登録する

❶「ヘッダー・フッター」→「追加」をクリックします。

> 本書では以下のように設定します。
> ・中央ヘッダー　…「タイトル」
> ・右ヘッター　　…「日付」
> ・右フッター　　…「ページ番号」

❷ フォントを設定します。

> 本書では画面上でわかりやすいよう、フォントサイズを大きくしています。

❸ 上下左右の余白を調整し、プレビュー画面で確認します。

❹ 中央ヘッダーにテキストを入力します。

❺「ページ番号と日付の書式」をクリックします。

❻「ページ番号の書式」と「開始ページ番号」を設定します。
❼「日付の書式」を設定します。
❽「OK」をクリックします。

❾ 右ヘッダーテキストをクリックします。
❿「日付を挿入」をクリックします。
⓫ 右フッターテキストをクリックします。
⓬「ページ番号を挿入」をクリックします。
⓭「OK」をクリックします。

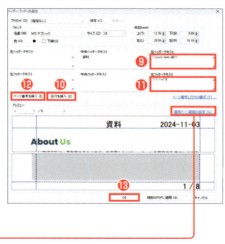

> **TIPS 適用ページの設定をする**
>
> 「適用ページ範囲の設定」をクリックし、適用ページの範囲を設定できます。
>
>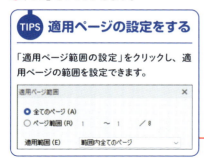

⓮ 反映されたPDFを確認します。修正する場合は「ヘッダー・フッター」→「更新」をクリックします。

ヘッダー・フッターの挿入をする

14　ページ編集をする

「ページ編集」機能では、ページの挿入、削除、抽出、トリミング、ページ回転などができます。

1. サムネイルを表示させる

❶「サムネイル」をクリックし、ページ左側にサムネイルを表示させます。

 ページ編集をする際は、ページ全体が把握できるようサムネイルを表示させるのが便利です。

ファイルから挿入する

❶「ファイルから挿入」をクリックします。
❷ 挿入するファイルを選択します。
❸「開く」をクリックをします。

❹ 挿入元ファイルから挿入するページを設定します。
❺ 挿入先ファイルの挿入位置を設定します。
❻「OK」をクリックするとページを挿入することができます。

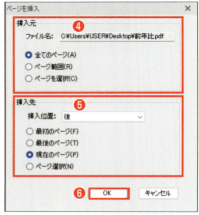

新規ページを挿入する

1. 「新規ページ挿入」をクリックします。
2. 新規ページのサイズと方向を設定します。
3. 追加するページの枚数を設定します。
4. ページの挿入位置を設定します。
5. 「OK」をクリックすると新規空白ページが挿入されます。

ページを削除する

1. 「削除」をクリックします。
2. 削除するページ範囲を選択します。
3. 「OK」をクリックします。
4. 確認画面が表示されます。「OK」をクリックするとページが削除されます。

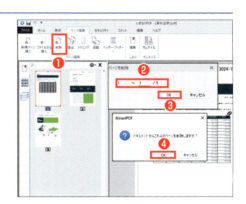

ページを回転する

1. 「回転」をクリックします。
2. 「回転角度」を設定します。
3. 回転させるページ範囲を設定します。
4. 「OK」をクリックするとページが回転します。

ページ編集をする

トリミングする（COMPLETE版機能）

❶「トリミング」をクリックします。

❷ 上下左右の「余白」を設定します。
❸ トリミングする「ページ範囲」を設定します。
❹「OK」クリックするとページがトリミングされます。

ページを抽出する

❶「抽出」をクリックします。

❷ ページ抽出範囲を設定します。
❸「OK」をクリックします。

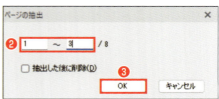

❹ 抽出したページが自動で開くので、ファイルを保存します。

ページを移動する

❶ サムネイル画面から移動させたいページを選択し、ドラッグ操作で移動させます。

> サムネイル画面をドラッグして広げることができます。表示画面を使いやすく調整しましょう。

TIPS サムネイル画面上での操作

サムネイル画面上でページを選択し、右クリックすることで「新規ページ挿入（新規作成）」「挿入」「削除」「抽出」「トリミング」「回転」など同様の操作を行うことができます。また、サムネイル画面に直接ファイルをドラッグすることで、ページの挿入ができます。

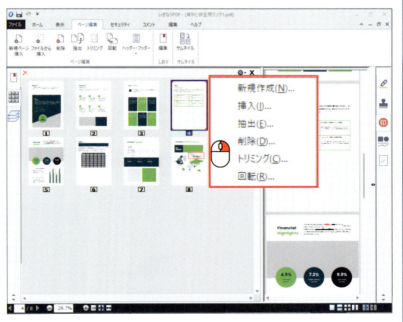

ページ編集をする　105

15　しおりを作成する

「ページ編集」機能では、PDFにしおりを作成することができます。しおりをクリックすることで、該当のページにジャンプできます。

1. しおりを作成する

❶ しおりを付けたいページを表示した状態で、「編集（しおり）」をクリックします。

❷ しおり名を入力し、「Enter」で確定します。

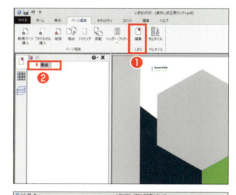

2. しおりを追加する

❸ ページをスクロールし、次にしおりを付けたいページを表示します。

❹ 「新規しおり作成」をクリックします。

❺ しおり名を入力し、「Enter」で確定します。

> 同じ操作を繰り返すことで、複数ページにしおりを作成できます。

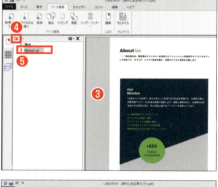

3. しおりに階層をつける

❻ しおりを選択し、他のしおりの下にドラッグ操作で移動することで、階層をつけることができます。

> をクリックし、しおりの削除や、プロパティ設定をすることもできます。

106　しおりを作成する

16 ドキュメント比較をする

「ドキュメント比較」機能では、2つのPDFファイルを比較し、異なる部分のテキストを自動で検出し、ハイライト表示します。

1. ホームリボン

❶ ホームリボンに切り替えるには「ヘッダーメニュー」→「ホーム」をクリックします。

●ホームリボン

ドキュメントを比較する

❶「ドキュメント比較」をクリックします。

❷「参照」をクリックして、「ファイル1」「ファイル2」に比較したいPDFファイルを読み込みます。

❸「比較」をクリックします。

❹ 比較結果がハイライトされて表示されます。

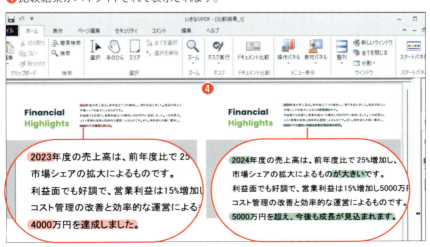

ドキュメント比較をする 107

17 テキストを検索する

「ホーム」機能では、PDFのテキスト検索ができます。開いているドキュメント以外もフォルダを指定して検索が可能です。

テキストを簡易検索する

❶「簡易検索」をクリックします。

❷ 検索したい単語、フレーズを入力します。必要に応じて検索方法にチェックします。
❸「次へ」をクリックします。
❹ 検索した単語がハイライトされ表示されます。

高度な検索をする

❶「検索」をクリックします。

❷ 検索したい単語、フレーズを入力します。
❸ 検索範囲を選択します。

> **TIPS 検索範囲について**
>
> 検索範囲は、「現在のドキュメント」「選択したフォルダ」から検索できます。

❹「検索」をクリックします。
❺ 検索結果が表示されます。該当箇所をクリックすると、その位置にジャンプします。

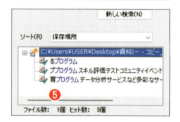

18 タスクの作成と実行をする

タスクの作成をすることで、特定の操作を自動化できます。

タスクの作成と実行

❶「タスク実行」→「タスク作成」をクリックします。

❷ タスクを実行するファイルを選択します。「PDFを選択」をチェックした場合は任意のPDFを選択します。

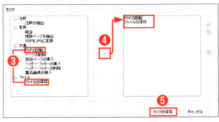

❸ タスク一覧からタスクを選択します。
❹ > ボタンをクリックして選択したタスクを右枠の中に追加します。
(❸❹)の操作を繰り返して必要なタスクを右枠の中に追加します。
❺「タスクの保存」をクリックします。
❻ 作成したタスクに名前をつけます。
❼「タスクの保存」をクリックします。

● 設定できるタスク一覧

注釈	注釈の抽出
変換	結合
	複数ページを抽出
	PDFをJPGに変換
文書	PDFの回転
	ページの削除
	空白ページの挿入
	ヘッダー・フッターの挿入
	ヘッダー・フッターの削除
	署名画像の挿入
ファイル	ファイルの保存

❽「タスクの実行」→「タスクリスト・実行」をクリックします。
❾ 作成したタスクを選択します。
❿「タスクの実行」をクリックすると、作成したタスクをページを指定して実行できます。

タスクの作成と実行をする　109

19　フォーム機能でアンケートを作成する　COMPLETE版機能

　ラジオボタン、チェックボックス、コンボボックスなどの機能を利用したアンケートフォームの作成方法を紹介します。

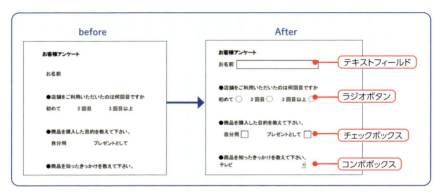

❶「ドラッグ&ドロップ」でファイルを読み込みます。

❷「編集」タブをクリックします。

> 💡 Officeファイルを読み込むこともできます。

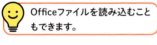

テキストフィールドを追加する

❶「テキストフィールド」をクリックします。

❷ ドラッグをして「テキストフィールド」を追加します。

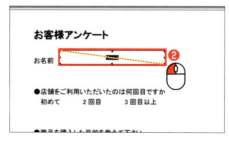

110　フォーム機能でアンケートを作成する

ラジオボタンを追加する

❶「ラジオボタン」をクリックします。

❷ ドラッグをして「ラジオボタン」を設置します。

❸ 作成したラジオボタンを選択して、「Ctrl+C」キーでコピーし、「Ctrl+V」キーで複製します。

 ラジオボタンは、グループ化させる必要があるため、必ず複製をして配置してください。

❹ 複製したラジオボタンをマウスで任意の位置に移動させます。

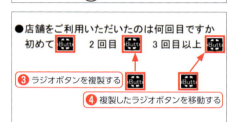

❺ 設置したラジオボタンを一つ選択し、右クリック→「編集」→「全て選択」をクリックします。

❻ 基準位置にする「ラジオボタン」を右クリックし、「揃える」→「トップ」を選択します。

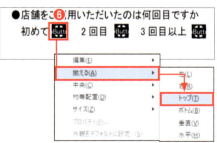

❼ ラジオボタンを整列して追加することができました。

フォーム機能でアンケートを作成する

チェックボックスを追加する

❶「チェックボックス」をクリックします。

❷ ドラッグして、必要な数のチェックボックスを追加します。

> 😊 チェックボックスは一つずつ設置してください。

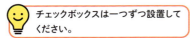

❸ 設置したチェックボックスを一つ選択し、右クリックで「編集」→「全て選択」をクリックします。

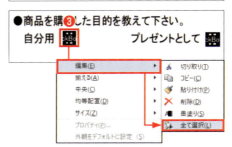

❹ 基準にするチェックボックスをクリックし、右クリックで「サイズ」→「幅+高さ」をクリックしてチェックボックスの大きさを合わせます。

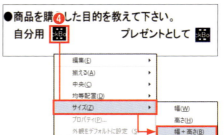

❺ (❸)の操作を再度行い、全てのチェックボックスを選択します。基準にする「チェックボックス」を選択し、右クリックで「揃える」→「トップ」を選択します。

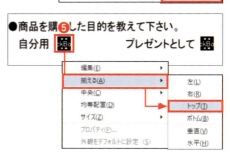

❻ チェックボックスのサイズ調整と整列ができました。

コンボボックスを追加する

❶「コンボボックス」をクリックします。

❷ 作成したい箇所で、ドラッグ選択をして「コンボボックス」を設置します。

❸「項目」にテキストを入力します。
❹「登録」をクリックし、項目一覧に登録します。
❺(❸❹)の操作を繰り返します。必要な項目を追加できたら「閉じる」をクリックします。

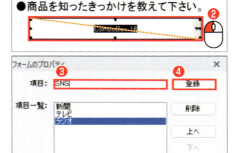

 登録した項目は「上へ」「下へ」をクリックして、順番を並べ替えることができます。

❻ コンボボックスの設置ができました。

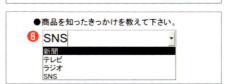

❼ 設置したコンボボックスの項目追加や修正は、「コンボボックス」を選択し、右クリック→「プロパティ」から行います。

TIPS コンボボックスとリストボックスの違い

・リストボックス ……… 選択可能なリストをスクロール形式で表示します。
・コンボボックス ……… 選択可能なリストをポップアップ形式で表示します。

フォーム機能でアンケートを作成する 113

20 パスワード設定をする

PDFにパスワードを設定することで、閲覧用、印刷用、編集用のアクセス制限をかけることができます。

1. セキュリティのリボン

❶ 編集リボンに切り替えるには「ヘッダーメニュー」→「セキュリティ」をクリックします。

●セキュリティのリボン

「直接編集」機能からパスワードを設定する

❶「パスワード設定」をクリックします。

❷「セキュリティ」を選択します。

❸ セキュリティ方法で「パスワードセキュリティ」を選択します。

❹ 互換性で暗号化レベルを選択します。

❺ 暗号化する対象を選択します。

❻ ☑チェックし、PDF閲覧用のパスワードを設定します。

❼ ☑チェックし、PDF編集用パスワードを設定します。

❽ 印刷時の設定を選択します。

❾ 編集用の設定を選択します。

❿ テキストや画像などのコピーを有効にする場合は☑チェックします。

⓫「OK」をクリックします。

閲覧用、編集用に同じパスワードは設定できません。

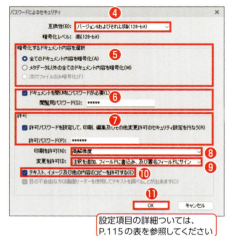

設定項目の詳細ついては、P.115の表を参照してください

⓬ 確認画面が表示されるので、閲覧用のパスワードを入力し、「OK」をクリックます。

⓭ 確認画面が表示されるので、編集用のパスワードを入力し、「OK」をクリックします。

⓮ パスワード設定が終わるとドキュメントのプロパティに戻るので「OK」をクリックします。

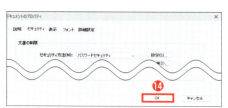

暗号化するドキュメントの内容を選択	
全てのドキュメント内容を暗号化	PDFの全ての内容が暗号化され、検索エンジンはPDFのメタデータにアクセスできなくなります。
メタデータ以外の全てのドキュメント内容を暗号化	PDFの全ての内容が暗号化されますが、PDFのメタデータに引き続きアクセスできます。[互換性]欄で[バージョン6およびそれ以降(128-bit)]またはそれ以降に設定されている場合にのみ使用できます。
添付ファイルのみ暗号化	添付ファイルを開くときにパスワードが必要になります。[互換性]欄で[バージョン7およびそれ以降(128-bit AES)]またはそれ以降に設定されている場合にのみ使用できます。

印刷許可	
なし	印刷できないように設定します。
低解像度	150dpi以下の解像度で、各ページはビットマップ画像として印刷されます。
高解像度	任意の解像度で印刷を許可します。

編集許可	
なし	印刷を除く全ての操作(ページの挿入・削除・回転、注釈の作成、フォームフィールドの入力、署名など)が実行できなくなります。
ページの作成、挿入、削除及び回転	ページの作成、挿入、削除、回転、およびしおりとサムネイルの作成ができます。
フィールドに書き込みと署名フィールドにサイン	フォームへの入力と電子署名の追加ができます。
注釈を追加、フィールドに書き込み、及び署名フィールドにサイン	注釈の追加、電子署名の追加、フォームへの入力ができます。
ページ抽出以外の全操作	ページの抽出以外の編集が許可されます。

スタートパネルからパスワードを設定する

1.「パスワード」をクリックする

❶「スタートパネル」→「パスワード」をクリックします。

2. パスワードを設定する

❷ ドラッグ＆ドロップでファイルを登録します。

❸ ✓チェックし、PDF 閲覧用のパスワードを設定します。

❹ ✓チェックし、PDF 編集用パスワードを設定します。

❺ 印刷時の設定を選択します。

❻ 編集用の設定を選択します。

❼ テキスト・画像などのコピーを有効にする場合は✓チェックします。

❽「暗号化レベル」を設定します。デフォルトは 128-bit RC4(Adobe Acrobat Reader 5.x 以上) になっています。

❾ 保存先を設定します。

❿「実行」をクリックします。

3. パスワードを確認する

パスワード設定をしたPDFは、閲覧や、編集する際にパスワードを求められますので入力してください。

 設定したパスワードは忘れないよう保管してください。

TIPS パスワード設定の解除

❶「直接編集」機能を開き、パスワード解除をしたいPDFを読み込みます。閲覧用パスワードを設定していた場合、読み込み時にパスワードの入力を求められます。

❷「セキュリティ」→「パスワード設定」をクリックします。

❸「ドキュメントのプロパティ」画面が表示されるので、「セキュリティ方法」を「セキュリティ無し」にします。

❹ 編集用パスワードの入力を求められるので、パスワードを入力し、OKをクリックします。

❺ 設定に関する確認画面が表示されるので、「OK」をクリックします。

❻「ドキュメントの」プロパティ画面に戻るので「OK」をクリックします。

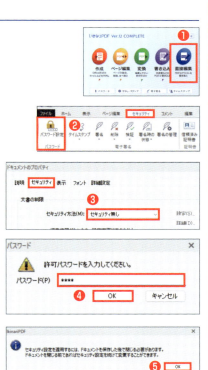

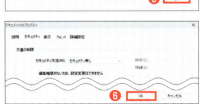

21　電子署名を設定する　COMPLETE版機能

PDFに電子署名を設定する方法を紹介します。電子署名とは、デジタル上で本人確認や文書が改ざんされていないことを証明するものです。

電子署名を作成する

❶「署名の管理」をクリックします。

❷「IDを追加」を選択します。

❸ デジタルIDの新規作成を ◉ チェックします。
❹「次へ」をクリックします。

❺ デジタルIDファイルを新規作成（PKCS#12フォーマット）を ◉ チェックします。
❻「次へ」をクリックします。

❼ 名前を入力します。
❽ 構成単位を入力します。（任意）
❾ 構成名を入力します。（任意）
❿ 国家を選択します。
⓫ ファイルパスワードを入力します。
⓬「OK」をクリックします。

> 設定したパスワードは忘れないよう保管してください。

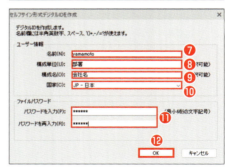

⓭ ファイル名を確認し、「保存」します。

118　電子署名を設定する

電子署名を設定する

❶ 電子署名を設定するPDFファイルを開き、「署名」→「文書に署名」をクリックします。

❷ ドラッグして署名領域を設定します。

> 不可視にする場合は「不可視の電子署名」を選択します。

❸ 「変更制限を追加する」を☑チェックします。

❹ 「変更制限」を選択します。

❺ 「次へ」をクリックします。

❻ デジタルIDを選択します。

❼ パスワードを入力します。

❽ 「保存」をクリックします。

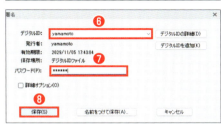

❾ 電子署名が設定されました。

TIPS 署名の詳細オプション

署名の「詳細オプション」に☑チェックすることで、「署名理由」「署名地」「連絡情報」「署名の外観」を設定ができます。

電子署名を設定する 119

電子署名を検証する

❶ 電子署名を検証したいPDFファイルを開き、「検証」→「署名検証」をクリックします。

❷ 署名を検証画面が開くので「プロパティ」をクリックします。

❸ 設定した電子署名の情報を確認することができます。

電子署名を削除する

❶ 電子署名を削除したいPDFファイルを開き、「削除」→「署名フィールドをクリア」をクリックします。

❷ 確認画面が表示されるので「OK」をクリックし、署名フィールドをクリアします。

❸ 「削除」→「署名フィールドを削除」をクリックし、署名フィールドを削除します。

スタートパネルから電子署名を設定する

1.「電子署名」をクリックする

❶「スタートパネル」→「電子署名」をクリックします。

2. 電子署名を設定する

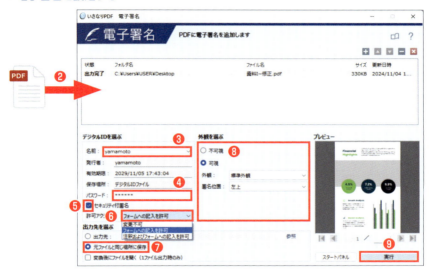

❷ ドラッグ＆ドロップでファイルを登録します。

❸ デジタルIDを選択します。

❹ デジタルIDに設定しているパスワードを入力します。

❺「セキュリティ付署名」を☑チェックします。

❻ 許可アクションを選択します。

❼ 保存先を設定します。

❽ 外観を選択します。可視を選択した場合のみ、署名位置を選択できます。

❾「実行」をクリックします。

22 タイムスタンプを付与する　COMPLETE版機能

タイムスタンプとは、電子文書が「いつ」存在し、その後「改ざんされていないこと」を証明する技術です。重要な契約書などにタイムスタンプをつけることで、内容が後から変更されていない信頼性を示せます。

> タイムスタンプを利用するには、タイムスタンプ事業者とのご契約が必要です。
> 【お問い合わせ先】
> アマノセキュアジャパン …… https://www.e-timing.ne.jp/

タイムスタンプの設定をする

1.「タイムスタンプ」をクリックする

❶「スタートパネル」→「タイムスタンプ」をクリックします。

2. タイムスタンプを設定する

❷ タイムスタンプのアラート画面が表示されるので、「OK」をクリックします。

❸ タイムスタンプ契約時に提供されたライセンスファイルを選択します。
❹ ライセンスファイルのパスワードを入力します。
❺ タイムスタンプのサーバーURLを指定します。通常は変更不要です。
❻ サーバーからの応答を待機する時間を指定します。
❼ タイムスタンプを付与したPDFの保存先を設定します。
❽「OK」をクリックします。

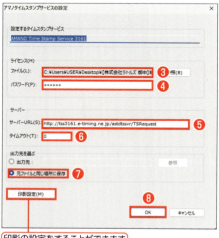

印影の設定をすることができます

TIPS 「印影設定」のオプション

印影の形式、透過度、日時形式の設定をすることができます。

❶印影の形式	[丸型]、[角型]、[不可視] から選択します。
❷透過度の設定	[非透過]、[透過]、[半透過] から選択します。
❸日付形式	日付の表示形式を選択します。
❹時刻形式	時刻の表示形式を選択します。
❺略称で表示する	時刻表示を指定したタイムゾーンの略称で表示します。
❻UTCとの時間差で表示する	時刻表示を指定したUTCとの時間差で表示します。
❼印影位置の調整	印影の位置を指定します。

タイムスタンプを付与する

❶「付与」をクリックします。
❷ドラッグ＆ドロップでファイルを登録します。
❸「実行」をクリックします。
❹PDFにタイムスタンプが付与されます。

タイムスタンプを付与する　123

タイムスタンプを検証する

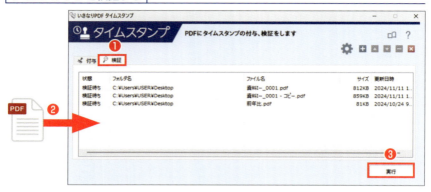

❶「検証」をクリックします。
❷ ドラッグ＆ドロップでファイルを登録します。
❸「実行」をクリックします。

❹ 検証結果が表示されます。

タイムスタンプの検証ステータス	
改ざんなし	タイムスタンプ付与後に編集されていないPDF
改ざんあり	タイムスタンプ付与後に編集されたPDF
TS付与なし	タイムスタンプが付与されてないPDF

直接編集ショットカットキー一覧

タブ	グループ	項目	ショットカットキー
ホーム	編集	編集	Alt→H→D
		切り取り	Alt→H→T
		コピー	Alt→H→C
		貼り付け	Alt→H→P
	検索	簡易検索	Alt→H→F
		検索	Alt→H→S
	選択	選択	Alt→H→E
		手のひら	Alt→H→H
		エリア	Alt→H→A
		全てを選択	Alt→H→L
		選択を解除	Alt→H→R
	ズーム	ズーム	Alt→H→Z
	メニュー表示	素材パネル	Alt→H→O
	ウィンドウ	整列	Alt→H→J
		新しいウィンドウ	Alt→H→N
		分割	Alt→H→X
表示	ページ表示	単一ページ	Alt→V→S
		連続	Alt→V→C
		連続見開き	Alt→V→U
		見開き	Alt→V→F
		全画面	Alt→V→E
		移動	Alt→V→M
	開き方とズーム	100%表示	Alt→V→A
		全体表示	Alt→V→P
		倍率	Alt→V→Z
		幅に合わせる	Alt→V→W
		高さに合わせる	Alt→V→H
		描画領域の幅に合わせる	Alt→V→V
	回転	右90°	Alt→V→R
		左90°	Alt→V→L
	閲覧方向	右へ	Alt→V→T
		左へ	Alt→V→J
	グリッド	グリッドの表示	Alt→V→G
		グリッドに沿う	Alt→V→X
	メニュー表示	操作パネル	Alt→V→N
		素材パネル	Alt→V→O
ページ編集	ページ編集	新規ページ挿入	Alt→D→N
		ファイルから挿入	Alt→D→I
		削除	Alt→D→D
		抽出	Alt→D→E
		トリミング	Alt→D→C
		回転	Alt→D→R
		ヘッダー・フッター	Alt→D→H
	しおり	編集	Alt→D→B
	サムネイル	サムネイル	Alt→D→G

タブ	グループ	項目	ショットカットキー
セキュリティ	パスワード	パスワード設定	Alt→S→P
	電子署名	タイムスタンプ	Alt→S→T
		署名	Alt→S→S
		削除	Alt→S→D
		検証	Alt→S→I
		署名時の状態	Alt→S→C
	証明書	信頼済み証明書	Alt→S→Q
	墨塗り	墨塗り	Alt→S→U
		テキストを検索して墨塗り	Alt→S→V
コメント	選択	注釈の選択	Alt→A→J
	注釈	ノート	Alt→A→N
		テキストボックス	Alt→A→X
		テキスト注釈	Alt→A→T
		スタンプ	Alt→A→S
		はんこ	Alt→A→A
		描画	Alt→A→D
	署名	署名	Alt→A→W
	テキストへの注釈	ハイライト	Alt→A→H
		下線	Alt→A→K
		取り消し線	Alt→A→E
	添付	ファイルの添付	Alt→A→F
	メニュー表示	注釈パネル	Alt→A→I
編集	選択	選択	Alt→E→E
		手のひら	Alt→E→H
		テキスト	Alt→E→X
		オブジェクト	Alt→E→O
		リンク	Alt→E→K
	編集	トリミング	Alt→E→T
		画像編集	Alt→E→I
		QRコード作成	Alt→E→Q
	挿入	すかし	Alt→E→S
	フォーム一括作成	フォーム一括作成	Alt→E→R
	フォーム	チェックボックス	Alt→E→C
		テキストフィールド	Alt→E→F
		リストボックス	Alt→E→L
		コンボボックス	Alt→E→B
		署名エリア	Alt→E→D
ヘルプ	製品登録	エントリー	Alt→W→A
		製品の登録	Alt→W→K
		バージョン情報	Alt→W→L
	ヘルプ	マニュアル	Alt→W→G
		サポートページ	Alt→W→M

索引
index

A
Acrobat Reader　　　019
Adobe Systems　　　008

B
BMP　　　043

C
Chrome　　　026
CSV　　　043, 085

E
Edge　　　026
Excel　　　020, 043

I
ikinariPDF Driver　　　024, 026

J
JPEG　　　022, 043

O
OCR　　　010
Office　　　020, 024, 044

P
PDF　　　008
PNG　　　022
PowerPoint　　　043

Q
QRコード　　　094

S
SDGs　　　011

W
Word　　　020, 043

あ
アンケート　　　110
暗号化　　　115

い
いきなりPDF　　　012
移動　　　035, 105
印影設定　　　123
印刷　　　066
インストール　　　014

お
オブジェクト　　　090, 091

か
改ざん　　　008, 009, 118, 122
解像度　　　043
回転　　　034, 103
書き込み　　　052
画像ファイル　　　022, 042, 048
画像編集　　　090

け
結合　　　038

こ
コメント　　　080, 085
コンボボックス　　　113

さ
削除　　　033, 103
作成　　　018
差し込み印刷　　　068

し
しおり　　　106
自動入力機能　　　063
社外秘　　　095
出力　　　066
出力形式　　　043
書体の設定　　　058
ショットカットキー　　　125
シリアル番号　　　016

す
すかし　　　095
図形　　　064

スタンプ	095
墨塗り	089

せ
セキュリティ設定	009

そ
挿入	103

た
タイムスタンプ	122
タスク	109
縦書き	057

ち
チェックボックス	112
注釈	080
抽出	036, 104
直接編集	039, 076

つ
ツールパネル	053

て
テキスト	046, 057
テキスト検索	010, 039, 108
テキストの修正	088
テキストボックス	059
電子署名	118
電子帳簿保存法	011

と
透明テキスト	031, 047
ドキュメント比較	107
トリミング	104

に
日本語認識	043

ぬ
塗りつぶし	072

は
背景	054
背景の編集	070
パスワード	114, 117
はんこ	098

ひ
表示画面の変更	078

ふ
ファイル形式	019
ファイルの添付	084
ファイルの保存方法	086
ファイル名	023
ファイル名のルール設定	030
フォーム機能	110
複写禁止	095
複製	033
フッター	040, 100
プレビュー	040
分割	037

へ
ページ編集	028
ヘッダー	100
変換	042
ペンツール	074

ほ
本人確認	118

ま
マクロ	030

も
文字認識	010

よ
用紙サイズ	056
読み取り範囲	050

ら
ライセンス認証	016
ラジオボタン	111

り
リストボックス	113
リボン	040
リンク	092

れ
レイアウト認識	043

山本まさとよ

東京都荒川区生まれ。

現在は出版社ラトルズで活躍中。専門書や解説書の企画・執筆を手掛け、実用性と分かりやすさを追求。カメラやロードバイク、ギター演奏など多趣味で、座右の銘は「やればできる」。崎山蒼志の大ファン。

●制作スタッフ

[装丁]　　　　　　　石原優子
[本文デザイン・DTP]　山本まさとよ
[編集]　　　　　　　ラトルズ編集部

すぐに役立つ
いきなりPDF活用ガイドブック
[COMPLETE / STANDARD 対応]

2024年12月20日 初版第1刷発行

著　者　山本まさとよ

発行者　山本正豊

発行所　株式会社ラトルズ

〒115-0055　東京都北区赤羽西4-52-6

電話 03-5901-0220 FAX 03-5901-0221

https://www.rutles.co.jp

印刷・製本　株式会社ルナテック

ISBN978-4-89977-552-2　Copyright ©2024 MASATOYO-YAMAMOTO

Printed in Japan

【お断り】

● 本書の一部または全部を無断で複写複製することは、法律で認められた場合を除き、著作権の侵害となります。

● 本書に関してご不明な点は、当社Webサイトの「ご質問・ご意見」ページhttps://www.rutles.co.jp/contact/をご利用ください。電話、電子メール、ファクスでのお問い合わせには応じておりません。

● 本書内容については、間違いがないよう最善の努力を払って検証していますが、監修者・著者および発行者は、本書の利用によって生じたいかなる障害に対してもその責を負いませんので、あらかじめご了承ください。

● 乱丁、落丁の本が万一ありましたら、小社営業宛にお送りください。送料小社負担にてお取り替えします。